HOUTOUGU BAOXIAN JI HOUTOUGU
SUROUGAN JIAGONG GUANJIAN JISHU YANJIU

猴头菇保鲜及猴头菇
素肉干加工关键技术研究

◎夏光辉 著

中国纺织出版社有限公司

图书在版编目(CIP)数据

猴头菇保鲜及猴头菇素肉干加工关键技术研究／夏光辉著.--北京：中国纺织出版社有限公司，2021.9

ISBN 978-7-5180-8878-2

Ⅰ.①猴… Ⅱ.①夏… Ⅲ.①猴头蘑—蔬菜加工 Ⅳ.①S646.09

中国版本图书馆 CIP 数据核字(2021)第 185803 号

责任编辑：闫 婷 责任校对：楼旭红 责任印制：王艳丽

中国纺织出版社有限公司出版发行

地址：北京市朝阳区百子湾东里 A407 号楼 邮政编码：100124

销售电话：010— 67004422 传真：010— 87155801

http://www.c-textilep.com

中国纺织出版社天猫旗舰店

官方微博 http://weibo.com/2119887771

北京虎彩文化传播有限公司印刷 各地新华书店经销

2021 年 9 月第 1 版第 1 次印刷

开本：710×1000 1/16 印张：8.5

字数：132 千字 定价：88.00 元

前　言

　　猴头菇(*Hericium erinaceus*)，因形状类似猴头而得名，新鲜猴头菇菇体呈白色，属于齿菌科。猴头菇营养丰富，是珍贵的药食兼用食用菌，它的药用价值主要体现在利五脏、助消化，尤其是对神经衰弱和胃肠疾病患者有显著的辅助治疗效果。随着猴头菇的营养价值慢慢被消费者熟知和人们生活水平的提高，国内外消费者对新鲜猴头菇的需求不断上升，猴头菇及其深加工产品和包装食品的消费量在逐年增加，目前已成为食用菌领域研究的一大热点。本书主要阐述猴头菇的综合开发和利用，并紧密结合我国绿色循环经济发展现状，介绍了国内外猴头菇加工技术的发展。本书基于吉林省科技发展计划项目《猴头菇保鲜及猴头菇素肉干加工关键技术研究与生产应用》(项目编号20160417017CB)成果编写，并参阅了大量的国内外文献，总结了猴头菇贮藏保鲜原理和方法、猴头菇素肉干加工技术现状和开发前景。从总体上讲，可分为猴头菇贮藏和猴头菇素肉干加工两大核心内容，主要包括猴头菇采后褐变原因分析、猴头菇贮藏适宜温度研究、猴头菇保鲜方法研究和猴头菇素肉干加工方法研究等。

　　本书在编写上力求语言精练、内容通俗易懂，以实用和便于自学为主。全书理论系统，工艺详实，介绍了较为前沿的猴头菇贮藏保鲜和开发利用研究成果。本书不仅能够提供猴头菇贮藏和开发相关知识，还能为猴头菇素肉干加工产业化研究提供理论参考。对促进我国在食用菌培育、加工、销售一体化领域达到世界领先水平、提高质量和降低成本都具有较重要的理论价值。

　　本书适合食品科学与工程、食品质量与安全、农产品贮藏与加工、材料科学与工程等专业的本科生及研究生的课外学习辅助使用，也可供从事食品加工和食品保藏相关学科的研究者和生产者参考应用。

夏光辉

2021 年 3 月

目　录

第1章 概　述

猴头菇(学名 *Hericium erinaceus*；英文名 Lion's Mane Mushroom，Bearded Tooth Mushroom)，又名猴头菌、对儿蘑、对脸蘑、猴头蘑、菜花菌、山伏茸、僧帽菇、鸳鸯对头菇、刺猬菌或伏菌，是大部分生长在深山密林中的一种珍贵食用菌，属于担子菌门、层菌纲、多孔菌目、齿菌科、猴头菇属。猴头菇系野生菌类，主产于长白林海，自古被称为"山八珍"之一，是长白山重要山珍之一，是高级名贵原料。猴头菇质嫩味鲜，是筵席上的佳肴，有"山珍猴头，海味鱼翅"之说。

在我国，目前能追溯到的有关于猴头菇的最早文本记录是公元220~280年时期孙吴沈莹所撰写的《临海水土异物志》，因此，猴头菇具有非常悠久的历史，在明清朝代，猴头菇更是作为贡品成为满汉全席上一道珍稀食品。

1.1　猴头菇自然情况

1.1.1　猴头菇生物学特性

猴头菇首次被发现时是在树的背阳面，且在树的腐烂部位或者破损部位尤其多，说明其与绝大多数可以作为食物的真菌相似，属于腐生菌。后来有人统计发现，阔叶树尤其容易长猴头菇，其中壳斗科和胡桃科的树木占绝大部分。

菌丝体和子实体是猴头菇生长过程中的两个主要部分。菌丝体色白，是营养器官，生长在基物内，能够通过分解基质以获得和吸收营养物质，慢慢进入下一个阶段——子实体；基部狭窄或略有短柄，上部膨大部位即为子实体，是生殖器官，形状为椭球形或近球形，呈花椰菜状，仅中间有一小空隙，全体成一大肉块，直径为3.5~15 cm。子实体初时因为充满水分，所以为白色，失去水分后由淡黄色变成浅栗色，菌伞表面具有毛绒状的肉针，非常浓密且自然悬垂，长1~3 cm。整个子实体像猴子的脑袋，色泽像猴子的毛，故被称为猴头菌(图1-1)。

图 1-1　野生猴头菇在树木上的状态(左)及人工种植的新鲜湿润猴头菇(右)

1.1.2　人工栽培猴头菇的发展历史

　　我国猴头菇的人工驯化栽培始于 1959 年,上海市农业科学院从齐齐哈尔采集野生猴头菇分离得到纯菌种,并用木屑瓶栽培且获得成功。但是,由于当时猴头菇的烹调方法未普及,栽培及加工技术也不大众化,未能及时得到推广进行大量生产。20 世纪 70 年代,研究人员在进行民间调查时发现猴头菇有较高的医疗效果,上海市农业科学院与上海中药制药三厂联合开展猴头菇药用研究。1977年,利用甘蔗渣培养基生产猴头菇获得成功。

　　1979 年,浙江省常山县微生物厂利用金刚酿酒残渣培育猴头菇获得成功,而后又把野生的猴头菇经紫外线诱变,选育出了"常山 99 号猴头菌株",改进了栽培技术,单产有了较大的提高,从此形成了商品化生产。

1.2　猴头菇的营养成分

　　猴头菇富含蛋白质、维生素和无机盐,营养价值很高。有研究表明,每 100 g 猴头菇干品含蛋白质 26.3 g、脂肪 4.2 g、碳水化合物 44.9 g、粗纤维 6.4 g、水分 10.2 g。此外,还含有多糖、甾醇类、萜类、脂肪酸、酚类等活性成分。

1.2.1　蛋白质和氨基酸

　　猴头菇中成分含量最丰富的就是蛋白质。100 g 猴头菇干品中含有蛋白质约 27 g,富含 17 种氨基酸,其中含 8 种人体必需氨基酸和 1 种婴儿必需氨基酸

（组氨酸）。每 100 g 干猴头菇中约含赖氨酸 17.5 mg、谷氨酸 42.2 mg、色氨酸 40.4 mg、组氨酸 6.5 mg、脯氨酸 9.5 mg、苏氨酸 10.7 mg、甘氨酸 12.1 mg、精氨酸 9.0 mg、丙氨酸 23.2 mg、天冬氨酸 21.5 mg、酪氨酸 12.2 mg、丝氨酸 26.0 mg、缬氨酸 6 mg、亮氨酸 8.6 mg 和苯丙氨酸 14.5 mg。猴头菇鲜品中谷氨酸含量最高，其他氨基酸含量也较为丰富。袁亚宏等进行了猴头菇营养液的提取工艺研究，结果表明，体重正常的成年人平均每日食用 100 g 的猴头菇鲜品就基本可以满足人体每日所需的氨基酸量。当前，有多项关于猴头菇氨基酸营养液的研究，进一步证明了天然猴头菇中氨基酸的营养价值。杨宇等研究发现，猴头菇所具有的特有鲜香味道，是因为猴头菇中的鲜味氨基酸——谷氨酸和天门冬氨酸含量很高。

Zeng 等研究猴头菇子实体和菌丝体提取物，运用蛋白质组学方法研究参与调节生物活性代谢的蛋白质，运用基因组鉴定猴头菇中有 2 543 种独特蛋白质，经过数据库的分析比对，其中，子实体中 722 种蛋白质存在差异性表达，专家推定这些差异表达的蛋白质参与分子信号传导、次级代谢和能量代谢。这说明猴头菇生物合成基因的差异调控，使之产生了不同药理作用的活性代谢物质。陆武祥等提取了 5 种食用菌（金针菇、香菇、猴头菇、鸡腿菇、杏鲍菇）液体发酵菌丝中的蛋白质，对其抗氧化活性进行评价，结果表明，提取的 5 种食用菌菌丝蛋白中，抗氧化活性最高的为猴头菇菌丝蛋白，且随着蛋白质浓度的升高，测得的抗氧化活性越强，表明蛋白质浓度与抗氧化活性之间存在一定相关性。

1.2.2 多糖

多糖作为猴头菇中的主要营养物质，其含量比最高，近几年，研究人员对于猴头菇多糖的功能性非常感兴趣。随着科学技术的进步，许多新技术、新方法应用于猴头菇多糖的提取、纯化、检测及功能性研究等方面。

王锋等利用超声波辅助法对猴头菇菌丝体中的多糖进行了提取，以蒸馏水为提取溶液，以多糖得率为指标，在单因素实验的基础上，通过正交实验探讨了固液比、超声时间、超声功率和提取次数对猴头菇菌丝体多糖提取率的影响，得出猴头菇菌丝体多糖的最佳提取工艺条件为，固液比 1∶15（g/mL）、超声时间 10 min、超声功率 200 W、提取次数 3 次，并在此条件下进行了 3 次重复性验证实验，猴头菇菌丝体多糖得率为（4.12±0.07）%。

唐川等研究了猴头菇在不同发育阶段的多糖结构以及免疫活性，发现猴头菇在中菌刺期（第五阶段）的多糖得率最高，多糖组分中，多以岩藻糖、半乳糖、葡萄糖和甘露糖组成,且在这个阶段的多糖免疫活性最佳。

1.2.3 甾醇

甾醇类化合物具有重要生理功能,它能够有效地维持人体内各种代谢平衡的稳定,控制致癌物质诱发癌细胞形成,舒张脉络,降低胆固醇含量,以及调节体内激素的平衡。因此,甾醇越来越受到科研人员的重视。

Li 等从猴头菇中分离提取获得了一系列有脂肪酸长链的甾醇化合物,并发现了该类化合物对 HeLa 细胞有细胞毒性,且有过氧化物酶增殖物激活受体 PPAR-α,-γ 激动剂活性(agonist activity)的功效。

Wang 等将猴头菇中得到的菌物甾醇与现有的植物甾醇进行了一一比对,发现两者的构型非常相似,且都能够在消炎、保护胃黏膜方面有不俗的效果。

蔡佳佳等通过正交实验得到了猴头菇中麦角甾醇含量最多的最佳培养条件:硫酸镁 0.075%、葡萄糖 2%、蛋白胨 1%、酵母膏 0.5%、起始 pH5.0、磷酸二氢钾 0.15%、装液量 80 mL、接种量 6 mL,温度 23℃、摇床转速 150 r/min 条件下同时紫外照射 40 s,引起菌株诱变,能够得到最高含量为 18.440 3 mg/g 的猴头菇。

1.2.4 萜类

对于萜类化合物的分析,日本和欧美的一些国家开展的研究相对较早,也较深入,且已经获得了不俗的成果。我们平时所听说的猴头菇素,其中的主要功能性成分为二萜类化合物,因此,学者们将从猴头菇中发现的萜类化合物定名为猴头菇素(Erinacines)。

日本学者 Kawagishi 从 1990 年开始,直到 2006 年为止,通过坚持不懈地研究和分析,先后从猴头菇菌丝体和子实体内分离提取得到了 8 种不同的 Cyathane 结构种类的二萜类化合物,并分别命名为 Erinacine A、Erinacine B、Erinacine C、Erinacine D、Erinacine E、Erinacine F、Erinacine G,其中,Erinacine G 拥有两种构型,并且进一步对其功能性进行研究,发现这类化合物不仅具有抗菌能力,还能够促进神经因子合成,增加神经元活性。

2000 年,Lee 等在猴头菇内又分析出了两类不同的新型萜类物质,并定名为 Erinacine H 和 Erinacine I。2000~2002 年,日本学者 Kenmoku 从猴头菇中分离提取了两种萜类物质,经鉴定为新型萜类物质,其命名继续延续为 Einacine P 和 Erinacine Q,并发现在特定的条件下,Erinacine P 可以转化为 Erinacine A 和

Erinacine B,Erinacine Q 可以转化为 Erinacine C。2008 年,Ma 等从猴头菇菌丝体中分离提取得到了一种 Cyathane 型木糖苷类化合物,命名为 Erinacine R。2016年,何晋浙等优化了猴头菇内分离萜类物质的工艺,发现经过酸解和酶解结合处理过的猴头菇继续在料液比为 1∶36(g/mL)、提取温度 63℃、提取时长 92 min下处理,萜类物质的提取率高达 3.39%。

1.2.5 脂肪酸

随着科技的进步,脂肪酸的功能性也逐渐得到了科研人员的重视,且研究重点开始从多糖和蛋白质向脂肪酸方面移动。脂肪酸可以分成饱和脂肪酸和不饱和脂肪酸两种,不饱和脂肪酸能够调节细胞膜功能的平衡,减少心血管疾病的发生,以及人体内生长激素的调节,饱和脂肪酸是心血管疾病和细胞凋亡的直接诱因。

2012 年,李书倩等利用 GC-MS 对比分析了松树伞、猴头菇和花菇三种真菌内脂肪酸的含量和组成,研究发现,猴头菇中鉴定出来的脂肪酸种类最多,鉴定出 4 种脂肪酸,分别为十六酸(棕榈酸)、9,12-十八碳二烯酸(亚油酸)、油酸和硬脂酸,4 种脂肪酸分别占总脂肪酸含量的 24.03%、21.85%、42.40% 和11.73%。

2015 年,郑超群等设计用 HPLC-ELS 方式检测猴头菇子实体中的棕榈油酸、异油酸和软脂酸。建立了一种全新的测定脂肪酸类化合物的方法,并且结果精准,再现性好,实验过程简单。

2016 年,宋明杰等采用超临界 CO_2 萃取猴头菇中的脂肪酸,并利用正交实验优化了萃取工艺,提取压力 40 MPa,提取温度 35℃,夹带剂量 20 mL,这时的脂肪酸得率为 7.59%,并用 GC-MS 分析了脂肪酸的种类,一共 14 类脂肪酸,其中有 4类不饱和脂肪酸。

1.2.6 酚类

Kawagishi 分别在 1990 年、1991 年和 1993 年,从猴头菇内共提取分离出了 8类酚类化合物 Hericenone A、Hericenone B、Hericenone C、Hericenone D、Hericenone E、Hericenone F、Hericenone G 和 Hericenone H。2010 年,Ma 等从猴头菇子实体中分离提取获得了两种新型的带有脂肪酸长链的酚类化合物Hericenone I 和 Hericene D。

2014 年,韩国学者 Li 在猴头菇菌丝体中发现两种新型的带有脂肪酸长链的酚类化合物 Hericenone I 和 Hericene D(因为与 Ma 发现的酚类化合物互为异构体,所以命名相同)。

2017 年,张红娟采用微波辅助提取猴头菇中酚类物质,最佳条件为微波功率 400 W,微波时间 30 s,料液比 1∶20,乙醇体积分数为 60%,此时酚类物质提取率为 3.54%。

1.2.7 维生素

猴头菇中维生素的含量也较为丰富。每 100 g 猴头菇中含胡萝卜素 0.01 mg、维生素 B_1 0.69 mg、维生素 B_2 1.89 mg。此外,猴头菇鲜品中还含有丰富的维生素 C 和维生素 E。维生素 C 可降低毛细血管通透性,改善血管脆性、增强弹性,促进机体对铁离子的吸收,同时还具有一定的抑制致癌物质生成和抗肿瘤功效。维生素 E 是一种脂溶性维生素,其水解产物为生育酚,是最主要的抗氧化剂之一。维生素 E 可改善机体的运动能力,因此对维持运动员的运动功能非常重要,但大量摄入维生素 E 补充剂会导致头疼等不良反应,通过食用猴头菇等维生素 E 含量丰富的食物进行补充是一种安全有效的方法。

1.2.8 矿物质

猴头菇中矿物质含量较多,常量元素包括钙、磷、硫、钠、钾、镁等,其中尤以硫和磷元素含量较高;微量元素包括铁、铜、锰、锌、硒等。刘仙金采用微波消解电感耦合等离子体质谱法测定了猴头菇中 Fe、Cu、Zn、Mn、Cr、Sr、As、Se、Mo、Cd、Hg 和 Pb 等 12 种微量元素和重金属的含量,发现该实验的猴头菇样品中,Mn 和 Zn 的含量较高,其微量元素含量由高到低依次为 Fe>Zn>Cu>Mn>Sr>Cr>Se>Mo。杜鹃等采用原子吸收光谱法测定黑龙江产猴头菇样品中 K、Ca、Mg、Fe、Zn、Cu 和 Mn 7 种矿物质含量,结果表明,该猴头菇样品中 7 种矿物质含量均较高,含量顺序依次为 K>Ca>Fe>Mg>Zn>Mn>Cu,是一种营养丰富的天然食物。

1.2.9 酮类化合物

吡喃酮是吡喃的酮类衍生物,其分子结构中有一个含氧杂环。吡喃酮可分为 α-吡喃酮和 γ-吡喃酮两种。α-吡喃酮又名香豆灵,即 5-羟基-2,4-戊二烯酸的内酯,为无色、有干草气味的液体,自然界中很少存在,大多以其衍生物形式存在。γ-吡喃酮及其衍生物在自然界中则广泛存在。Wu 等从猴头菇子实体发酵液中分离得到 4 种吡喃酮类化合物,其中包括 3 种新化合物,即

Erinaceolactones A、B、C 与一种已知化合物,尽管已知化合物已经被人工合成,但它是首次从天然来源物质中分离得到。研究显示,这些化合物可以在某种程度上调节一些植物的生长。Wu 等则对猴头菇中提取得到的吡喃酮化合物进行了功能性方面的研究,发现吡喃酮化合物能够调节特定的植物在生长过程中的激素平衡。张岩等在猴头菇的甲醇浸膏内提取了两类吡喃物质,2-羟甲基-1-5-α-羟乙基-γ-吡喃酮和 6-甲基-2,5 二羟甲基-1-5-α-羟乙基-γ-吡喃酮。

Ueda 等在 2008 年从猴头菇子实体中提取分离出了一个具有内质网应激诱导剂活性的色原酮类化合物。

1.2.10　生物碱

Li 等在 2014 年从猴头菇子实体中发现生物碱 Hericerin(猴头菌碱),发现它能够抑制 iNOS,COX-2 的蛋白表达,即具有抗炎作用。Wang 在 2015 年从一株来自西藏地区的猴头菇菌丝体中首次提取到一系列生物碱类化合物。

1.3　猴头菇的保健作用

猴头菇含有多种活性物质,其保健及药理作用引起世界各国学者的浓厚兴趣。随着人们对猴头菇相关研究的深入,猴头菇的保健作用越来越被人们重视。

1.3.1　抗氧化、抗衰老作用

Li 等利用甲醇提取猴头菇中的活性物,再用三氯甲烷、正己烷和正丁醇进行萃取,发现三氯甲烷萃取的溶液的抗氧化性最强,在浓度为 500 μg/mL 时,DPPH 自由基清除率能够达到 35.80%。

崔芳源等研究了猴头菇胞内胞外不同多糖结构在抗氧化活性方面的不同,研究发现猴头菇多糖主要可以分为 EPS 和 IPS 两种,而在抗氧化方面 EPS 强于 IPS。

1.3.2　抗肿瘤作用

杜金等提取猴头菇发酵浸膏中的寡糖,并对 S180 结肠癌 CT-26 模型小鼠进行灌胃,发现该寡糖能够增加其血清中的 L-2 和 TNF-A 含量,从而抑制肿瘤细胞的生长。Zan 等对猴头菇提取物 HEG-5 进行了抗癌实验,结果 HEG-5 能够通过周期阻滞和凋亡延缓胃癌细胞 SGC-7901 的生长。Lee 等发现猴头菇子实体提取物 E1 能够有效降低 LLC-PK1 细胞毒性从而抑制肿瘤血管生成。Wang 等发现猴头菇子实体提取物能有效抑制人肝癌细胞系 SMMC-7721 和 MHCC-97H 的细胞生长。

周辉等研究猴头菇多糖(HPS)抑制 Lewis 肺癌实验以及其作用机理发现 HPS 能够有效抑制肿瘤细胞生长,并与猴头菇多糖的浓度存在量效关系。研究人员通过 ELISA 测定肿瘤坏死因子-α(TNF-α)和白细胞介素-2(IL-2),发现 HPS 能够引起小鼠体内 TNF-α 显著降低,IL-2 显著增加,因此,HPS 能够通过调节细胞内 TNF-a 和 IL-2 的平衡抑制肿瘤细胞生长。

何晋渐等从猴头菇中提取了猴头菌 Fr-3-1,对它进行了抑制肿瘤细胞生长的实验,发现 Fr-3-1 能够有效抑制 MGB-523 细胞的繁殖,且对于 Fr-3-1 的浓度具有量效关系,当 Fr-3-1 浓度为 50 μg/mL 时,对 MGB-523 细胞的抑制率达到 54.45%,具有作为抗肿瘤候选药物和保健食品的潜力。

Lee 等将猴头菇提取物(HE)与多柔比星(DOX,阿霉素)联合使用治疗人体肝癌,发现猴头菇不仅可以提高多柔比星的药效,而且在降低多柔比星用量的同时,给人体其他细胞带来的细胞毒性也有所下降,因此,猴头菇在肝癌临床治疗方面有很大的研究价值。

1.3.3 保护胃黏膜、肝脾及消化系统作用

Shang 等发现猴头菇的乙酸乙酯提取物在体外对幽门螺杆菌有很强的抑制作用,而引起胃溃疡的重要原因之一就是幽门螺杆菌,所以理论上其提取物对胃溃疡有一定的抑制作用。

Wang 等对于猴头菇菌丝体提取物进行了一系列研究,发现当给乙醇诱导胃溃疡的小鼠以猴头菇菌丝体提取物灌胃时,能够显著减少溃疡的面积。此团队另一个实验发现,猴头菇菌丝体多糖能够通过抑制 MC 细胞在人体胃黏膜上皮细胞的生长来预防慢性萎缩性胃炎。

Qin 等采用葡聚糖硫酸酯钠诱导小鼠肠道出血,然后给小鼠灌以猴头菇醇提物,发现猴头菇醇提物能够有效改善肠出血的情况,并通过其他数据发现其还有保护肠道黏膜上皮细胞的作用。Liu 等通过最小抑菌浓度琼脂稀释法和纸片扩散法发现猴头菇乙醇提取物对幽门螺杆菌有显著的抑制作用。

李望等利用 2% 葡聚糖硫酸酯钠(DSS)诱导小鼠发生结肠炎(UC),再给小鼠灌胃从猴头菇中提取的新类型的多糖(HEP10),观察发现,HEP10 对小鼠 UC 有显著的治疗作用,包括修复结肠糜烂和溃疡等组织损伤,以及改善炎症症状,

研究人员认为其机理可能是 HEP10 通过抑制氧化应激反应,改善组织损伤,并通过下调炎症相关信号通路中蛋白磷酸化水平,减少炎症因子和炎症蛋白的表达,抑制炎症小体激活,从而减缓组织炎症症状。

王明星等利用过氧化氢(H_2O_2)水溶液诱导人肠黏膜上皮细胞(Caco-2)的溃疡性结肠炎细胞模型,观察猴头菇多糖对其的影响,发现猴头菇多糖能够明显刺激 Caco-2 数量的增多,以及降低受损组织的死亡,其机理可能是因为猴头菇多糖能够明显提高肠道内超氧化物歧化酶(SOD)和乳酸脱氢酶(LDH)的含量,以及降低丙二醛(MDA)的含量。

李兆兰等研究发现,从猴头菇菌丝体中提取氨基酸,制成注射液,可用于临床治疗肝硬化和慢性肝病患者,使血浆氨基酸水平从混乱趋于正常化。范学工等发现猴头菇口服液及提取液可使受损伤的胃上皮细胞 MGC 减少释放乳酸脱氢酶,并抑制脂质过氧化,表明猴头菇口服液对由幽门螺杆菌所致的胃上皮细胞损害具有保护作用。秦美蓉等研究评价了猴头菇胃肠保健口服液对胃黏膜损伤的保护功能,发现对于大鼠慢性胃溃疡,猴头菇胃肠保健口服液具有显著的保护作用。陈善玲观察了 50 例因服用高效联合抗反转录病毒药物所致胃肠道反应的患者,在予以正常治疗外,加入猴头菇胃肠保健口服液治疗下的临床疗效,发现猴头菇胃肠保健口服液在前三个月可明显治愈因服用药物所致的恶心、呕吐以及食欲不振等胃肠道反应。

袁尔东等以吲哚美辛诱导建立 GES-1 细胞损伤模型,研究猴头菇菌丝体多糖和子实体多糖对胃黏膜的保护作用。采用水提醇沉提取法优化猴头菇粗多糖初步提纯的工艺,并探究了提纯前、后多糖对胃黏膜保护作用的差异。研究显示,猴头菇菌丝体粗多糖和子实体粗多糖对 GES-1 细胞都有明显的增殖作用,并能明显提高受损 GES-1 细胞的存活率。以多糖纯度及其对 GES-1 细胞存活率的影响为评价指标,得到猴头菇粗多糖提纯的最佳工艺条件:料液比 1:15、提取温度 80℃、提取时间 2 h,在此条件下,菌丝体多糖纯度由 40% 增至 50%,子实体多糖纯度由 35% 增至 42%,受损 GES-1 细胞的存活率也明显增强。研究表明猴头菇菌丝体多糖和子实体多糖对胃黏膜具有良好的保护作用。

Choi 等从猴头菇乙醇提取物(HEAC)中提取到了香豆素二甲醚,并以此喂养四氯化碳诱导肝损伤的小鼠,发现香豆素二甲醚能够有效降低肝脏脂质聚集,以及减少肝脏中的氧化应激反应,从而起到保护肝脏的作用。

1.3.4 免疫调节作用

柳璐等发现猴头菇多糖对免疫抑制小鼠的免疫器官的萎缩状态有显著的改善作用,可提高其单核巨噬细胞的活力,在 CTX 诱导的免疫抑制小鼠模型中,猴头菇多糖能够有效增强小鼠的体液免疫和细胞免疫功能。经过分子水平的探讨后,发现其机理是通过激活巨噬细胞、T 淋巴细胞、B 淋巴细胞、NK 细胞、细胞毒 T 细胞等免疫细胞来发挥免疫调节作用。

Sheu 等从大鼠的骨髓造血干细胞中分离得到了树突细胞,观察猴头菇多糖对其成熟过程的影响。发现树突细胞经过猴头菇多糖治疗 2 周后,其表面抗体显著提升了近 2 倍。不仅如此,IL-12、FNy、IL-10 等细胞因子分泌物也显著增加,这些都表明了猴头菇多糖能够增强树突细胞的活性和调节免疫功能。

孟俊龙等提取了珊瑚状猴头菇多糖,并研究了它的功能性,发现珊瑚状猴头菇多糖能够明显提高小鼠体内胸腺指数、脾脏指数、淋巴细胞百分比、单核细胞、T 淋巴细胞百分比和 IgG,且与多糖的浓度有量效关系。

王家帧等发现小刺猴头菇发酵浸膏能够通过提高草鱼血清中的 T-SOD、LSZ、AKP、ACP 活力以及改善草鱼肠道菌群的种类,减少有害菌数量来提高草鱼的免疫能力。

李彩金等利用超声波将猴头菇多糖进行了降解,再观察其对巨噬细胞体外释放 NO 量的影响,发现超声降解 30 min 后的猴头菇多糖能够显著增加 RAW264.7 巨噬细胞释放的 NO 量,充分说明了降解以后的猴头菇多糖提高免疫力的功能更加明显。

1.3.5 神经保护作用

Inanaga 等将猴头菇提取物用于治疗痴呆大鼠且效果非常好,痴呆大鼠的记忆力能够恢复到与普通大鼠相比没有显著差异水平。其机理可能是增强胆碱能神经元的营养、保护和功能支持,使胆碱能神经元、突触的损伤或破坏数量减少。

Lai 等发现猴头菇水提物能够有效促进 NG108-15 细胞中的 NGF 的合成,从而使 NG108-15 细胞中的神经突触快速生长。

Bredesen 等发现猴头菇醇提物能够通过激活 1321N1 星形细胞中的氨基端激酶通道而促进 NGFmRNA 的表达,调节周围和中枢神经元的生长发育。

Kim 等发现猴头菇菌丝体提取物(HG)能够有效抑制 PC12 细胞中 p21 基因的表达,以及保护 CAI 神经元,减少细胞凋亡,从而使得缺血性脑损伤下降以及加速其恢复。

Wittstein 等发现猴头菇化合物能够促进类脑中 1321N1 星形胶质细胞中的 NGF 以及脑源性神经营养因子的表达。

Furuta 等发现猴头菇乙醇提取物能够影响小鼠行为节律,从而预防甚至治疗小鼠的阿尔茨海默病。

Tzeng 等发现猴头菇水煎液以及乙醇提取物能提高小鼠大脑皮层胰岛素降解酶的水平,以此提高 NGF 水平,达到抗痴呆的作用。

1.3.6　降血糖、降血脂和心血管保护作用

降血糖作用是许多多糖的重要生理功能。研究表明,从真菌及其他中草药中提取的 80 余种多糖都可使高血糖实验动物模型的血糖浓度明显降低。Wang 等发现猴头菇多糖具有明显降低血糖浓度的功能。杜志强等、张文等和 Du 研究发现猴头菇菌丝多糖对四氧嘧啶诱发的高血糖小鼠具有降血糖活性,且高剂量的猴头菇多糖 100 mg/kg 的降血糖作用优于降血糖药格列本脲,同时提高糖尿病小鼠的糖耐量,保护受损脏器。

多糖具有一定作用的抑制脂肪酶的能力,减少体内游离脂肪酸的产生;多糖还能抑制胆酸与脂类物质结合,甚至减少肠道对脂类物质的吸收。研究表明,猴头菇多糖可以降血脂、防治心血管疾病,保护机体健康。殷关英等研究发现猴头菇多糖对小鼠高胆固醇血症的形成可起预防和治疗作用。Keun 等从猴头菌液体培养物中得到了一种胞外聚合物,其分子量小于 40 kD、提取物成分中含糖量 91.2%、蛋白质含量 8.8%,具有良好的降血脂作用。殷伟伟等在研究食药用真菌降血脂的机制时发现,猴头菇多糖可促进脂类代谢,起到降血脂的功能。韩爱丽研究了珊瑚状猴头菌多糖降血脂的机制,发现珊瑚状猴头菌多糖能够降低大鼠的血脂水平,并降低大鼠动脉硬化发生的危险性。Choi 等用猴头菇乙醇提物 (HEAC)喂养高脂饮食的大鼠,发现大鼠体内总胆固醇含量、低密度脂蛋白固醇含量以及甘油三酯的含量显著下降,说明 HEAC 能够治疗高脂血症,而且 HEAC 属于天然药物,副作用较小。

张文等给高血糖模型小鼠喂养猴头菇粉末,发现能够有效阻止模型小鼠体重的下降,且显著降低模型小鼠血糖值,且可调节小鼠的血脂紊乱,以及提高小鼠的葡萄糖耐受量,并对于糖尿病导致小鼠肝脏、肾脏和胰腺的损伤有一定的对抗作用,起到很好的保护作用。

Liang 等用猴头菇水提物喂养链脲霉素(链佐星)诱导的糖尿病大鼠,发现能

够有效降低血糖和血脂的水平，提高胰岛素水平。其机理是提高体内 CAT、SOD、GSH-Px 的活性以及 GSH 水平，降低了 MD 水平，从而降低了体内的血糖和血脂。

Cui 等发现猴头菇多糖能够有效改善小鼠体内的血脂质量，包括胆固醇含量、甘油三酯含量以及人血白蛋白含量等，以此降低血糖水平、血脂水平，甚至达到保肝护肝的作用。

1.3.7　抗疲劳

Liu 等在一项研究中，用 4 组小鼠模型检验了从猴头菇提取的多糖的抗疲劳活性，即对照组（盐水替代多糖）和高剂量（200 mg/kg 体重）、中剂量（100 mg/kg 体重）、低剂量（50 mg/kg 体重）3 个多糖实验组对小鼠进行灌胃治疗。28 d 后，对小鼠进行强迫游泳测试，测试与疲劳有关的生化参数。结果表明，猴头菇多糖可降低血乳酸（BLA）、血清尿素氮（SUN）和丙二醛（MDA）的含量，以及增加组织糖原含量和抗氧化酶活性而具有显著的抗疲劳活性，表明猴头菇可能在运动营养领域具有应用价值。

1.3.8　抗抑郁症或焦虑症

Nagano 等使用更年期指数（KMI）、流行病学调查中心抑郁量表（CES-D）、匹兹堡睡眠质量指数（PSQI）和不定期抱怨指数（ICI）调查了猴头菇对更年期症状、抑郁、睡眠质量和不定期抱怨指数等方面的临床疗效。将 30 名女性随机分配到猴头菇 HE 组或安慰剂组，并服用猴头菇饼干或安慰剂饼干 4 周。HE 组每人的 CES-D 和 ICI 评分显著低于之前的评分，HE 组的更年期症状的表现倾向指标评分也低于安慰剂组。研究结果表明，猴头菇的摄入可减少抑郁和焦虑。

1.3.9　促进伤口愈合

Abdulla 等研究发现，分别用 0.2 mL 消毒蒸馏水（SD H_2O），清得佳凝胶（Intrasite gel），质量浓度为 20 mg/mL、30 mg/mL、40 mg/mL 猴头菇水提取物局部处理大鼠背颈上的创面。从宏观上看，猴头菇水提取物可加速大鼠伤口愈合的速度。愈合伤口组织学分析显示，猴头菇水提取物处理的愈合伤口结合处瘢痕宽度更小，愈合伤口含有更少的巨噬细胞和更多的胶原蛋白，这表明治疗效果可能与增加胶原蛋白的形成和增强伤口拉伸强度有关。

1.3.10　其他作用

猴头菇还有抗辐射、抗炎,以及加速机体血液循环的药理活性。

1.4　猴头菇相关食品与药品

猴头菇不仅营养丰富,还具有较高的药用价值。我国传统中医认为,猴头菇性平、味甘,其利五脏,助消化。多项研究表明,猴头菇具有较高的药用价值,可抗溃疡、助消化、抗辐射、抗衰老、提高机体的免疫力,同时具有一定的抗肿瘤功效,因此在制药领域已研制出多种剂型的中成药。因猴头菇的药用和营养价值,猴头菇相关保健制品也具有广阔的发展前景与市场价值。目前,市场上出现的猴头菇饼干、猴头菇罐头、猴头菇袋泡茶等都深受人们的喜爱。这种对猴头菇的再开发使得猴头菇的利用价值大幅增加,不仅食用方便,还通过非药物的方式达到了强身健体的作用。

1.4.1　猴头菇罐头

因为猴头菇鲜品的保存期较短,0~4℃的保质期为3~5 d,而制成干制品后,又会影响猴头菇特有的味鲜口感,同时会损失部分营养价值。因此,有商家生产出咸味和甜味的猴头菇罐头,既可保存猴头菇的特有风味,也可以提高其商品价值。赖建平等以猴头菇为主料,生姜、罗汉果、红枣(去核红枣)、枸杞和蔗糖等为辅料,研制出口味鲜甜的猴头菇甜品罐头,既保留了猴头菇本身的鲜嫩口感和风味,又增加了甜味和其他配料的复合味道,对猴头菇罐头产品的市场开发有重要意义。同时,赖建平等又尝试将猴头菇和瘦肉进行混合配成主料,以红枣和生姜等为辅料,研制出了别具风味的猴头菇咸汤罐头。杨洋等以猴头菇为主要原料,辅料为猪排骨和鸡翅根,经过前处理、加工制作、真空包装、灌装、高压杀菌等工序,研制出猴头菇猪排骨软罐头、猴头菇鸡翅根软罐头、猴头菇肉汤软罐头三种猴头菇罐头产品。猴头菇猪排骨软罐头配方:干猴头菇与猪排骨质量比为1∶5、老汤添加量为70%、豆油添加量1.5%、酱油添加量1.5%;猴头菇与鸡翅根软罐头配方:干猴头菇与鸡翅根质量比为1∶4.5、老汤添加量70%、酱油1.5%;猴头菇肉汤软罐头配方:老汤添加量为干猴头菇的9倍、料酒4.5%~5%、酱油4.5%~5%。三种猴头菇罐头产品具有猴头菇特有的香气,又具有肉的鲜美,兼顾了猴头菇和肉的营养价值。三种产品配方合理、加工工艺操作简单、营养丰富,可以满足不同消费人群的需求。

1.4.2　低糖猴头菇脯

孔凡真对低糖猴头菇脯的制作方法进行了研究,确定了一种营养丰富的低糖猴头菇脯休闲食品的制作方法。选择菌伞较小,菇体充实饱满,大小均匀,八九分熟,色泽正常,无异味、无机械损伤、无病虫害的鲜菇作原料。放入质量分数为0.03%的亚硫酸钠溶液中浸泡以保鲜,之后用不锈钢刀去掉菇体下部的褐变部分。将修整好的鲜菇投入沸水中,煮3 min,捞出后立即放入冷水中冷却,然后捞起沥干。再浸入预先配制的质量分数为5%的石灰水中,菇与石灰水的比例为1∶1.5。浸渍12 h后捞起,用清水漂洗48 h,去净石灰水。按白砂糖和葡萄糖1∶1的比例,加适量水煮沸溶解,配成50%的糖液,并加入0.5%的柠檬酸和0.05%的苯甲酸钠作防腐剂,用4层纱布过滤后备用。将漂洗后的猴头菇沥干放入糖液中浸渍24 h,再加白砂糖适量,继续浸渍24 h。菇与糖液的比例为1∶2。将浸糖后的猴头菇及糖液一起倒入锅内,加热煮沸,保持文火。最后测定糖度达55%时,便可起锅。将成型的猴头菇放入干净的清水中回漂,以除去涩味,提高适口性。将脱涩后的猴头菇捞起,放入烘箱内用50~60℃的温度烘烤干燥,除去菇体表面水分,整理外观,装入硬塑料食品盒或食品塑料袋中,封口保存。

1.4.3　猴头菇蜜饯

陆功对猴头菇蜜饯的制作方法进行了探讨,确定经过选料、预处理、热烫、药液浸制、腌制、加热浓缩、烘烤、回潮、检验和包装等工序可制作出体形完整,菇形均匀一致,色泽乳白,组织滋润化渣,饱含糖浆,口味清香纯甜,有猴头菇风味的蜜饯产品。

1.4.4　猴头菇面制品

1.4.4.1　猴头菇挂面

猴头菇挂面是以中低筋小麦面粉、猴头菇粉末为主要原料,以鸡蛋、豆粉等为辅料制作而成的,利用了猴头菇较高的营养价值和药用价值,使普通的挂面富含猴头菇多糖和维生素。添加适量的猴头菇粉不仅改善挂面的色泽、韧性,改善面条的烹煮品质,避免挂面断裂,而且增加挂面的营养功效。孙红斌等将猴头菇发酵浸提液加入小麦粉中,再经真空和面、复合压延、连续压延、切条、烘干等工序制作出猴头菇营养保健挂面,氨基酸含量高,含有活性多糖,符合人们对食品保健的需求。段丹等以猴头菇和小麦粉为原料,以挂面烹调时间、熟断条率、烹调损失、感官品质为指标,研究了猴头菇粉添加量、干燥方式对猴头菇挂面品质的影响,确定猴头菇的适宜添加量为6%。杨宇等将猴头菇粉按照一定量添加到小麦粉中制作猴头菇挂面,分析评价猴头菇—小麦混合粉的粉质、面团拉伸等流变特性以及挂面的色度、蒸煮品质和质构特性,发现随着猴头菇粉添加量的增大,面团吸水率、弱化度增加,形成时间缩短,最大拉伸阻力、拉伸能量减小。与小麦粉挂面相比,猴头菇挂面表现出特有的色泽和菇香味,口感细腻,不黏牙,筋道爽滑。

为提高中国传统面条的营养价值和风味,Wang 等将猴头菇粉加入中国传统面条中,发现添加猴头菇粉可显著降低面条中淀粉的消化率和消化程度,抗氧化能力和糊化温度与猴头菇粉的添加量呈正相关。猴头菇粉改善了面条的吸水率和蒸煮损失,同时导致面条的硬度、黏性和咀嚼性增加。当猴头菇粉用量小于6%时,虽然显著抑制了淀粉消化率,但面条品质没有显著变化。当面条中猴头菇粉的用量超过6%后,面条的营养价值显著增加,风味显著改善。

黄梓芮等以猴头菇粉、魔芋精粉、谷朊粉和小麦粉为原料,通过计量、和面、熟化、压片、切条成型、干燥等工序制作出猴头菇魔芋面条。成品面条呈淡黄色,色泽均匀一致,无杂色;表面光滑,结构紧密,有较好的韧性;蒸煮后没有显著的裂痕、断条以及收缩变形等现象;具有猴头菇菌类的独特风味和挂面应有的麦香;适口性较佳,是一种拥有优质口感、良好质地、兼具独特风味的营养健康食品。

1.4.4.2 猴头菇面包

王谦等以猴头菇发酵液替代水,经过一级发酵液的制备、发酵醪液的制备、酵母预活化、原辅料处理、主面团调制、主面团一次发酵、分割、成型、最后饧发、焙烤等工序制成一种新型猴头菇马铃薯面包。研究确定,当马铃薯全粉20%、猴头菇粉5%、猴头菇发酵醪液80%、酵母用量4%时,猴头菇马铃薯面包的感官性状最佳,具有饱满光滑的外观、规则的形状、均匀一致的气孔,疏松程度好,色泽和香味诱人。

徐莉莉等通过单因素实验和正交实验优化了猴头菇面包的工艺参数,结果表明,猴头菇面包最佳工艺参数为(以高筋小麦粉质量为基准),猴头菇粉用量5%、白砂糖用量14%、黄油用量10%、酵母用量1.3%、盐用量1%、改良剂用量2%、水用量48%、鸡蛋用量8%,在此条件下,制作的面包表面光洁,无斑点,表面金黄,均匀一致,具有猴头菇风味,口感较好。

猴头菇 β-葡聚糖是以猴头菇子实体为原料,通过水提醇沉法提取的多糖。目前,面包在我国食品行业发展迅速,但是人体摄入面包后,淀粉迅速被水解,葡萄糖被人体吸收,导致血糖迅速升高。而猴头菇 β-葡聚糖是一种可溶性多糖,有降低健康人群血糖的作用。β-葡聚糖的作用原理是可以影响淀粉的消化性,从而降低血糖的生成指数。体外的淀粉消化性随 β-葡聚糖黏度的增加而降低,同时降低了血糖生成指数。庄海宁等研究发现,添加了猴头菇 β-葡聚糖提取物后,增大了面包的比容。我国学者通过测定面包的质构特性,发现猴头菇 β-葡聚糖可以对面包的硬度、咀嚼性能、胶着性能进行改善。将猴头菇 β-葡聚糖添加到面包中,一方面提高了面包的食用品质和营养价值,使面包质地柔软,另一方面还减少了面包中的高葡萄糖对人体的影响,为 β-葡聚糖在面包中的应用提供了基础。

1.4.4.3　猴头菇蛋糕

蛋糕是烘焙食品的一个主要品种,也是烘焙食品中含蛋量最高的一种食品。由于其具有质地柔软、气味焦香、入口细腻等特点,深受消费者的喜爱。猴头菇蛋糕具有面菜合一的营养特色,它的色、香、味、形俱佳,能增加食欲,消化吸收率高,同时增加了蛋糕的营养保健功能。陈梅香等以猴头菇、鸡蛋、白砂糖、小麦粉等为原料,经过搅拌、搅打成泡沫液、筛入小麦粉并加入猴头菇汁、搅拌、注模、烘烤、脱模、冷却等工序制作出猴头菇蛋糕,产品风味独特,柔韧性好。

曹淼等以猴头菇粉为原料,添加白砂糖、低筋小麦粉、油脂、鸡蛋等辅料,通过响应面优化得到一种口感柔软疏松、外形平整、色泽金黄、组织细腻的猴头菇海绵蛋糕。

郝慧敏以低筋小麦粉、猴头菇、鸡蛋、木糖醇、调和油等为主要原料,探讨了猴头菇和低筋小麦粉比例、木糖醇、调和油对猴头菇无蔗糖戚风蛋糕感官品质的影响。结果表明,各因素对猴头菇无蔗糖戚风蛋糕感官品质影响的主次顺序为,猴头菇和低筋小麦粉比例>调和油>木糖醇;最优配方为鸡蛋 250 g,木糖醇 60 g,牛奶 50 g,调和油 40 g,猴头菇粉:低筋小麦粉(1.5 : 8.5)100 g,塔塔粉 2 g。成品蛋糕表面色泽呈金黄色,组织柔软细腻,具有猴头菇特有的香味。用木糖醇代替蔗糖,并添加猴头菇,不仅提高了营养价值,还具有一定的食用保健作用,符合人们的消费习惯。

1.4.4.4　猴头菇桃酥

马宁等针对传统桃酥营养成分单一、直接外源添加猴头菇粉造成适口性差等问题,利用双螺杆挤压膨化机处理猴头菇粉与青稞粉,制得糊化度为 86.13%

的预糊化粉,添加到桃酥面粉中。研究发现,猴头菇、青稞预糊化粉的糊化温度降低,稳定性提升;桃酥中 K、Mg 等矿物质,蛋白质和膳食纤维含量与预糊化粉添加量呈正比,碳水化合物含量、热量及血糖生成指数预测值与预糊化粉添加量呈反比,纯猴头菇—青稞桃酥氨基酸组成更接近 FAO/WHO 理想蛋白质条件要求。

1.4.4.5　猴头菇饼干

饼干是以小麦粉、油脂和白砂糖等为原料,经烘焙粉碎后,通过机械压缩制得的应急食品,因其具有体积小,能量密度高,易于携带并可长期存放等特点,能够满足长期户外运动人群要求,需求量逐年递增。刘琦以猴头菇与低筋小麦粉为原料,添加棕榈油、白砂糖、小苏打、全脂奶粉和食盐,探讨猴头菇压缩饼干的制作方法,研究确定猴头菇压缩饼干的最佳配方为低筋小麦粉 100%,猴头菇粉 29.6%,棕榈油 23.3%,白砂糖 6.4%,小苏打 1%,全脂奶粉 8%,食盐 1% 和水 15%(该配方以小麦粉用量为基准)。制得的压缩饼干口感疏松适宜,色泽棕黄,猴头菇香味浓郁且形态完整。

胡晖宇以猴头菇水提物为主料,添加绵白糖、奶粉、黄油、小苏打、小麦粉、淀粉等辅料,制得一种猴头菇饼干。郑燕飞等以猴头菇粉、低筋小麦粉为主要原料,制备猴头菇韧性饼干。以感官评分为指标,在单因素实验基础上,通过正交实验优化猴头菇韧性饼干配方工艺。正交优化实验结果表明,焙烤温度对猴头菇韧性饼干感官品质影响最大,随着焙烤温度升高,猴头菇韧性饼干逐渐出现焦煳味;加水量对猴头菇韧性饼干感官品质影响次之,加水量不足时,原辅料不溶解,难以调粉均匀,加水量过多时,面团过软,饼胚难以成型,从而影响猴头菇韧性饼干感官品质。故综合考虑,得出猴头菇韧性饼干最佳配方工艺:以低筋小麦粉质量为基准,猴头菇粉 2%、黄油 30%、糖粉 35%、玉米淀粉 10%、全脂奶粉 4%、鸡蛋液 20%、小苏打 1.3%、泡打粉 1%、食盐 0.3%、水 15%,和面 8 min,饧面 15 min,焙烤温度为面火 170℃、底火 160℃,焙烤 13 min。在此条件下,制得的猴头菇韧性饼干色泽金黄,口感酥脆,甜度适中,组织细腻,具有独特的猴头菇风味。

化志秀等对猴头菇粉、白砂糖、黄油、鸡蛋添加量对猴头菇曲奇饼干感官品质的影响进行了研究。结果表明,猴头菇曲奇饼干的最佳配方为[以低筋小麦粉质量(100%)为基准],猴头菇粉 4%、黄油 60%、白砂糖 50%、鸡蛋 30%。在此配方条件下制作出的曲奇饼干,外形完整,花纹清晰,大小均匀,无连边,色泽呈金黄色,有明显的猴头菇风味,且断面结构细密多孔,塌陷适度,符合大多数消费者的口味要求。

1.4.5 猴头菇调味品

1.4.5.1 猴头菇醋

王广耀等以猴头菇菌丝体为原料,通过液体发酵、酒精发酵、醋酸发酵,得到酸味柔和纯正且具有猴头菌芳香的保健醋。邵伟等以马铃薯为原料,将猴头菇菌种接种在马铃薯培养基上进行液态发酵,得到猴头菇发酵醪液,并通过酒精发酵和醋酸发酵,在最佳发酵条件下得到口感纯正、风味独特、富含氨基酸和生物活性物质的发酵型猴头菇保健食醋。

马龙以猴头菇为原料,经过猴头菇菌丝体发酵、酒精发酵和醋酸发酵等,将原料中的有关物质转化成食用菌保健醋中的有效成分,从而生产出猴头菇醋,醋中富含氨基酸及真菌多糖,具有一定的保健功能。实验确定了最佳发酵条件:酒精发酵温度为30℃,接种量为5%,发酵时间为3 d;醋酸发酵温度为33℃,接种量为10%,空气流量为1∶0.2(V/V),发酵时间为7 d。

1.4.5.2 猴头菇风味酱

沈子林在传统母子酱油工艺基础上,通过添加猴头菇粉、甘草和麦饭石等原料进行混合调配、发酵,得到一种颜色鲜艳、色泽红棕、脂香浓郁、酱香醇正的猴头菇麦饭石母子酱油。

韦玉芳以猴头菇、大豆、小麦粉、碎米、辣椒、食盐、陈皮、姜、大蒜、白糖、白酒、味精等为原料,采用固态发酵法制作出猴头菇香辣酱,产品呈红褐色,有光泽,味道鲜美,咸甜适中,有猴头菇及豆瓣酱特有的风味。

王卫等在传统调味酱制备工艺的基础上,向其中添加猴头菇子实体,通过风味调配,制成猴头菇蛋黄酱、猴头菇鸡茸酱和猴头菇香辣酱等。

王腾飞等以猴头菇为主要原料,辅以黄豆酱、食用油、食盐、白砂糖等调味料制成猴头菇调味酱。猴头菇调味酱的最佳配方:大豆油的添加量为50%,黄豆酱的添加量为90%,食盐的添加量为4%,白砂糖的添加量为0.5%(以猴头菇用量为基准)。制作工序:洗净→预处理(复水、切丁)→过油→加入豆酱进行炒制→装瓶→排气→封口→灭菌→冷却→成品。产品具有浓郁的猴头菇味并伴有酱香味,口感细腻,色泽鲜美。

耿吉等以牛肉粒、猴头菇为原料,以感官评价作为指标,选择豆瓣酱添加量、食用油添加量、白砂糖添加量等进行单因素实验,并通过响应面实验优化,确定猴头菇牛肉酱的工艺参数:以牛肉60 g、猴头菇100 g为标准,豆瓣酱添加量10 g,食用油添加量60 g,白砂糖添加量5 g。在此工艺条件下制得的猴头菇牛肉酱的牛肉粒和菇粒完好,质感鲜香爽口,组织均匀,有猴头菇独特的风味。

郭晓强等以猴头菇为主料,研制开发出具有保健功能、能满足现代消费者需求的餐桌型多用途猴头菇肉酱制品,并对产品特性进行了分析。大致制作工序:原料选择→清洗→整理→原辅料调制、混合→研磨制酱→杀菌→罐装→检验→成品,得出最佳配方:鲜猴头菇14%、鸡肉干粉5%、鸡肉香精1%、调味料12%、调香料7%、CMC 1.9%、质改剂1.6%、水57.5%。

1.4.5.3　猴头菇调味剂

赵凤臣等将香菇、猴头菇超微粉碎后适当配比并添加其他辅料,研制出肉香型调味剂。确定的配方:主料香菇、猴头菇的配比为1∶0.5,姜粉、花椒粉用量为5%,谷氨酸钠、精盐、砂糖的用量为20%,Q粉用量为10%。产品营养丰富,味道鲜美,长期食用可健体强身。

1.4.6　猴头菇饮料

1.4.6.1　猴头菇汽水

曹军推荐了一种风味独特、营养价值较高的猴头菇汽水的制作方法。将猴头菇浸入沸水中煮片刻捞起,漂挤几次,以去除苦味。锅内加水约1 000 mL,烧沸后加入猴头菇,煮至软烂,捞出猴头,用四层干净纱布将水过滤两次,再加水600 mL,煮沸,加白糖溶解,离火冷却。将冷却后的水加入柠檬酸、小苏打,灌瓶后封严瓶口,冰镇后即可饮用。这种汽水甜酸味美,为夏令佳饮。

1.4.6.2　猴头菇多糖饮料

胡学辉等以具有活性的猴头菇多糖、明目叶黄酮及丝胶多肽为功能性能量因子,添加玫瑰花露、甜味剂等物质进行调配,研制出风味独特的功能性饮料。殷金莲等采用酶法水解猴头菇得到多糖提取液,以猴头菇多糖提取液为原料加入白砂糖、柠檬酸调配成一种猴头菇多糖饮料。饮料的配方为猴头菇多糖添加量80%,白砂糖添加量6%,柠檬酸添加量0.2%。猴头菇多糖饮料为淡黄色,均匀透明,酸甜可口。

1.4.6.3　猴头菇发酵饮料

王谦等在猴头菇液体发酵体系中,通过添加大枣、麦芽、枸杞等药食同源的营养物质,进行混合发酵工艺优化,在最佳培养基配方下得到一种猴头菇发酵醪液饮料。张珺等以刺梨、猴头菇、白砂糖为原料,接种副干酪乳杆菌SR10-1进行复合发酵,再经调配、灌装、杀菌等工序制作出刺梨—猴头菇饮料,该饮料色泽明亮鲜黄,香气浓郁醇厚,酸甜爽口,风味独特,营养丰富,有较好的开发前景。

童群义等在适宜条件下对猴头菇菌丝体进行深层培养,所获得的发酵液添加番茄汁、胡萝卜汁、甜橙汁等多种天然果蔬汁调配成一种色香味俱佳、酸甜适口、营养丰富的保健饮料。

1.4.6.4 非发酵型猴头菇调配饮料

猴头菇本身的口味比较淡,而果汁因含有丰富的有机酸,口感较为酸甜爽口,因此可将二者进行混合调配,制成各类风味独具特色的果味猴头菇保健饮品。史振霞等利用猴头菇和草莓为主要原料,将猴头菇汁和草莓汁混合并添加白砂糖、柠檬酸、护色剂等辅料调配,得到一种猴头菇草莓复合饮料。郝涤非等以鲜葡萄、猴头菇粉为主要原料,以甜味剂、柠檬酸为辅料,通过正交实验优化工艺,得到一种风味独特、营养丰富的猴头菇葡萄汁保健饮料。张东升等以总固体物、总多糖、三菇及腺苷的含量和澄清度为指标,筛选出以 ZTC1+1Ⅱ澄清剂进行猴头菇复合饮品的澄清工艺,该澄清剂的添加有效地保留了复合饮品中的活性成分且澄清效果稳定。王红连等以猴头菇、虫草、灵芝的浸提液为主料,添加功能性能量因子 D-核糖,得到一种食用菌复合保健饮料的最佳工艺配方。郯广斌等以猴头菇、黑木耳为原料,通过浸泡、预煮、粉碎、高压均质等工艺处理,得到一种猴头菇黑木耳复合营养液原浆饮品,呈灰色至灰黑色,具有猴头菇和黑木耳双重的特殊香味,无其他异味;细腻滑爽,均匀一致,悬浮无沉淀。陶静等采用生物酶解技术,利用果胶酶对猴头菇进行酶解,得到一种猴头菇饮料。赵广河以猴头菇为原料,采用酸性蛋白酶、纤维蛋白酶进行酶解,确定了猴头菇氨基酸营养液的最佳制备工艺条件。

孔祥辉等以猴头菇和山楂为主要原料,采用酶解和均质技术制备猴头菇山楂浊汁型果肉饮料。以感官评价为指标,通过单因素实验和正交实验确定了功能性饮料的最佳配方。结果表明,猴头菇酶解最优条件为纤维素酶添加量1.2%,底物浓度5%,pH5.0,温度40℃,酶解时间2.5 h,猴头菇汁固形物得率65.83%。将猴头菇汁与山楂汁、蔗糖调配得猴头菇山楂果肉饮料的最佳配方:猴头菇酶解汁添加量15%,山楂汁添加量25%,蔗糖添加量8%。为提高猴头菇山楂果肉饮料的稳定性,经正交实验确定饮料复合稳定体系为羧甲基纤维素钠0.2%、黄原胶0.2%、海藻酸钠0.1%。调配好的饮料经均质、热灌装、巴氏杀菌等关键生产环节获得酸甜可口、具有猴头菇风味和淡淡山楂清香味的猴头菇山楂果肉饮料。

魏善元通过对猴头菇大豆复合饮料的配方、稳定性等工艺的研究,采用原汁含量为8%,猴头菇与大豆原汁配比为8∶2,可溶性固形物含量为12%,pH 为6,

饮料风味最好;添加0.05%海藻酸钠、0.03% CMC-Na和0.05%黄原胶的复合稳定剂,可得到稳定性良好的饮料。

薛露等以蓝莓、枸杞、猴头菇、蔗糖、羧甲基纤维素钠(CMC-Na)、黄薯胶、明胶等原料,采用混合打浆、过滤、均质等操作开发出蓝莓枸杞猴头菇混合饮料,经研究确定蓝莓添加量为7.95%,枸杞添加量为5%,猴头菇添加量为6.77%,蔗糖添加量为18.95%,得到的混合饮料色香味俱佳。

李爽等以东北野生鲜猴头菇子实体为主要原料,经羧甲基纤维素培养基培养发酵,得到猴头菇原液,与三种不同口味果汁混合,配制成果味猴头菇复合保健饮料。通过感官评价确定饮料的最佳配方为猴头菇原液30%,水果汁65%,冰糖3.5%,黄原胶0.4%,柠檬酸0.4%,羧甲基纤维素0.7%。制作出的果味猴头菇复合保健饮料配方简单,口感细腻,营养丰富,是一种独具特色的大众保健饮料。

1.4.6.5　猴头菇运动饮料

张立威等以猴头菇为原料,采用单因素实验与响应面实验优化猴头菇运动饮料的工艺参数,结果显示,当猴头菇汁用量32.5%、绵白糖用量4.23%、柠檬酸用量0.13%时,猴头菇运动饮料感官评分最高;对猴头菇运动饮料的抗疲劳功能进行初步探究,结果表明,小鼠经灌胃猴头菇运动饮料30 d后,负重游泳时间显著延长且呈一定的量效关系,中、高剂量组能明显降低血清尿素氮的浓度,猴头菇的用量对小鼠体重的增长无明显影响,说明猴头菇饮料对小鼠具有一定的抗疲劳功能。

叶俊、韩晓虎等取猴头菇、枸杞干品各50%,打成粉末,过80目筛后,按1:20的料液比与70℃热水混合搅拌均匀,70℃恒温水浴浸泡24 h;取出后在102℃温度下进行巴氏杀菌20 min,杀菌后立即冷却至45℃;加入总质量20%的白砂糖、10%的果葡糖浆,5%的乳酸菌,35℃下在发酵罐中厌氧发酵5~20 h,6 h后开始测量pH,当pH达到3.0左右时停止发酵,立即冷却对发酵液进行过滤,取过滤后的发酵液,加入适量的柠檬酸、苯甲酸钠和明胶加入调配罐中混合调配,在高压均质机中进行均质处理,以改善复合饮料的口感;最后在102℃下进行二次巴氏杀菌15 min,自然冷却后即得猴头菇枸杞复合饮料。为研究猴头菇枸杞复合饮料在运动抗疲劳中的作用,以猴头菇枸杞复合饮料为饮品,30名大学生志愿者为研究对象,通过服用不同剂量的猴头菇枸杞复合饮料,对比测量静息心率和血液生化指标。实验结果显示,猴头菇枸杞复合饮料可以有效降低静息心率,有效降低血液中血乳酸和肌酸激酶含量,高剂量效果更佳。猴头菇枸杞复合饮料能够有效减少受试人员的疲劳感,有助于运动疲劳的恢复。

1.4.6.6　猴头菇固体饮料

马琳等以猴头菇、燕麦粉、奶粉为原料,开发一种猴头菇固体饮品。通过单因素实验和响应面优化法等实验方法对猴头菇固体饮品的配方进行研究,得到猴头菇固体饮品的最佳配方:猴头菇粉 37%、奶粉 30%、燕麦粉 11%、糖 22%、二氧化硅 0.12 g/10 g、β-环糊精 1.0 g/10 g,由此配方得到的产品在风味和速溶性方面均表现良好。

熊科辉等采用纤维素酶、果胶酶、木瓜蛋白酶和中性蛋白酶以 3∶2∶1∶1 组合,优化特定工艺条件,液料比 18∶1(mL/g)、酶解温度 67℃、酶解时间 2 h、酶添加量 2%,对猴头菇、佛手、高良姜、陈皮、香橼、砂仁等复合物进行水解,所得的多糖提取物比传统水浸提法提高约 5%,操作时间短,效率高,无污染,开发了新型功能性猴头菇佛手固体饮料。

1.4.6.7　猴头菇露

周跃勤采取提取猴头菇原液、离心过滤、配料、紫外线杀菌、无菌包装、速冻等操作确定了软包装猴头菇露的生产方法,软包装猴头菇露呈浅咖啡色,有猴头菇香味,营养丰富,酸甜可口。

1.4.6.8　猴头菇果醋

以猴头菇、苹果醋为主要材料,添加白砂糖和柠檬酸,配制猴头菇多糖果醋饮料。肖玉娟等研制出猴头菇多糖果醋饮料的最佳配方:苹果原醋 3%,猴头菇浸提液 90%,白砂糖 10%,柠檬酸 0.2%,稳定剂 CMC 0.04%。将猴头菇多糖应用于苹果醋饮料,提高了果醋的食用功效,为人类生活带来便利。

孙悦等以猴头菇汁和苹果醋为主要原料,通过添加果葡糖浆、柠檬酸和蜂蜜制作猴头菇苹果醋复合饮料。以感官评分作为评价标准,在单因素实验的基础上,采用响应面法对猴头菇苹果醋复合饮料的配方进行了进一步优化。结果表明,猴头菇苹果醋复合饮料的最优配方为苹果醋添加量 64.7%,猴头菇汁添加量 17.6%,果葡糖浆添加量 16.3%,柠檬酸添加量 0.15%,蜂蜜添加量 0.1%,稳定剂羧甲基纤维素钠(CMC-Na)添加量 0.05%,在此最优配方下得到的复合饮料是一种澄清透明、风味独特、口感细腻的新颖复合饮料。

1.4.7　猴头菇酸奶

王世强等在普通酸奶制作工艺的基础上,向其中添加 20%的猴头菇菌丝发酵混合液,制成了色泽淡黄、酸甜适口并具有淡淡菇香的凝固型猴头菇酸奶。黄永兰等以玫瑰花露、猴头菇提取液及复原乳为原料,添加木糖醇、阿斯巴甜、稳定剂等辅料,接种乳酸菌进行发酵,得到玫瑰花露猴头菇复配保健酸奶。贺莹等以脱脂奶粉、猴头菇发酵乳粉末为主要原料,以绵白糖、硬脂酸镁、CMC-Na 为辅料,在最佳工艺条件下得到一种新型乳制品——猴头菇益生菌奶。

1.4.8　猴头菇酒

酒精饮料多指供人们饮用且乙醇含量在 0.5% 以上的饮品,包括各种蒸馏酒、发酵酒、预调酒及泡制酒。猴头菇因具有多种保健功效,常被用以制作各种保健酒。吴丁等通过多次实验,将猴头菇的治疗和保健作用与普通酒酿造有机融为一体,研制出猴头菇综合性保健酒。邹东恢等采用正常酿造工艺制成低度发酵酒,再分别将猴头菇发酵液和鲜芦荟全浆原汁添加到发酵酒中,经过调配制成高营养的特色芦荟猴头菇复合酒。邹东恢等以猴头菇为主料,以灵芝、枸杞及芦荟原汁为辅料,通过发酵制成乙醇浓度 30% 左右的具有独特风味的猴头菇灵芝保健酒和枸杞猴头菇保健酒。左蕾蕾等以传统高粱白酒为基酒,添加猴头菇、香菇、蜂蜜、枸杞等物质进行泡制研究,研制出一种具有抗疲劳和提高免疫力功效的猴头菇香菇枸杞保健酒。饶绍信以猴头菇为原料,进行深层液体发酵,得到猴头菇菌丝体发酵液,再利用胶体磨进行细胞壁破碎,然后将其与啤酒原料混合在一起进行发酵,得到一种猴头菇啤酒。

赵瑞华等以陕北米脂小米为原料,添加猴头菇水提物,采用二次发酵工艺酿造猴头菇小米酒。以猴头菇水提物添加量、发酵温度、糖度和酸度为因素,以感官评价为指标,确定猴头菇小米酒的最佳生产工艺条件为猴头菇水提物添加量 25%,发酵温度 30℃,白砂糖添加量 6%,柠檬酸添加量 0.06%。在此条件下,猴头菇小米酒中还原糖含量 25.3 g/100 g,总酸含量 0.7 g/100 g,酒精度 8.5% vol。猴头菇小米酒色泽诱人,酸甜可口,米香、菇香与酒香和谐。

1.4.9　猴头菇袋泡茶

黄良水等在传统袋泡茶加工工艺的基础上,向其中添加富含猴头菇多糖和猴头菌素的猴头菇浸膏,制成猴头菇袋泡茶。该茶较好地保留了猴头菇中的多种营养物质和生物活性物质,既有绿茶的口感和香气,又保留了淡淡的菇香,具有一定的保健功效。

王腾飞等以猴头菇、罗汉果、陈皮为原料制作特色旅游饮品——袋泡茶,研究水温、加水量和冲泡时间 3 个因素对猴头菇袋泡茶品质的影响,确定猴头菇袋泡茶的最佳原料配比和冲泡条件。结果显示,最佳原料配比为猴头菇 50%、罗汉果 20%、陈皮 30%(以 6 g 计)。最佳冲泡条件为水温 100℃、水量 150 mL、时间6 min。在此条件下所得的猴头菇袋泡茶冲泡后所得的茶汤中黄酮质量浓度及水浸出物质量分数较高,色泽呈明亮的金黄色,无肉眼可见的杂质,口感柔和,没有明显的苦味和涩味,符合大多数消费者口味。

1.4.10 猴头菇软糖

在琼脂软糖的基础上添加适量的猴头菇粉制作猴头菇琼脂软糖。田其英研制的猴头菇软糖的最佳工艺配方为,淀粉糖浆 61.423%、蔗糖 30.712%、猴头菇粉 4.5%、琼脂 3.2%、水果香精 0.09%、柠檬酸 0.075%。制作出的猴头菇软糖色泽均匀,酸甜爽口,香气浓郁,有良好的咀嚼性和弹性。猴头菇琼脂软糖将休闲食品功能保健化,老少皆宜,符合人们营养、健康的消费需求,发展前景广阔。

1.4.11 猴头菇燕麦片和猴头菇米烯

燕麦是一种全价营养食品,但传统工艺加工的燕麦片风味欠佳,且燕麦片不适宜胃溃疡、十二指肠溃疡等患者食用。猴头菇是一种高蛋白、低脂肪、富含矿物质和维生素的优良食材,同时也是一种药材。以猴头菇为原料制成的药剂,可养胃中和,用于治疗胃、十二指肠溃疡及慢性胃炎。猴头菇燕麦片可弥补现有燕麦片技术的不足,改善单一食用燕麦片高膳食纤维对肠胃的不良影响,兼顾促进肠道功能和养胃两个方面,同时改善产品的口感、丰富产品的营养,经常食用具有清肠养胃的功效。粟桂民等采用 4 段蒸煮熟化工艺研制出猴头菇燕麦片,第一段为 100~105℃,第二段为 95~100℃,第三段为 90~95℃,第四段为 95~105℃,每段的时间均为 25~35 min,再经压片、干燥冷却即得猴头菇燕麦片。产品在有效保留燕麦营养物质的同时,使风味物质更好地释放,香气浓郁,解决了传统工艺生产的燕麦片黏稠度差、固液分层、口感不软糯细滑等问题。研究确定的猴头菇燕麦片配方:燕麦片 25%~50%、猴头菇粉 3%~10%、复合谷物片 20%~40%、分散剂 20%~35%、调味剂 0~5% 和乳制品 0~5%。研制出的猴头菇燕麦片开水冲调即可饮用。产品制备方法简单易行,成本低,适合工业化生产,产品食用方便,口感独特,功效独到,易于推广。

米稀是一种加沸水冲调即可食用的粉末状产品,产品原料多样,口感细腻。猴头菇米稀是以猴头菇、粳米、燕麦片、茯苓、白扁豆、薏苡仁、莲子、山药、人参、甘草、砂仁、橘皮、桔梗等为材料,经低温烘培、精细研磨、调配等工序制作而成,充分保留了猴头菇、人参等的营养,口感清香怡人。可用作中老年人的早餐辅食,食用时可根据自己的口味,添加蜂蜜、牛奶,也可搭配清爽小菜来改善风味。

1.4.12　猴头菇冰激凌

冰激凌是一种广受消费者喜爱的休闲食品,其主要原辅料为奶油和糖,属于高脂高糖的高热食品。随着人们生活水平的提高,糖尿病及肥胖人群日益增多,消费者希望冰激凌的热量能够降低。由于目前这类产品所用的奶油主要是植物氢化油,属于人工油脂,富含反式脂肪酸,经常摄入会干扰儿童对必需脂肪酸的利用,造成中枢神经系统发育的障碍。孕妇摄入过多会导致胎儿发育不健全,美国 FDA 已要求除非特殊规定,食品中不得使用反式脂肪酸。我国虽没相关规定,但是,低脂肪、低糖、低反式脂肪酸的食品,包括冰激凌食品,已经成为消费者的共同诉求。杨剑婷等针对现在冰激凌的不足,发明一种猴头菇豆腐冰激凌制作方法。以营养丰富的新鲜猴头菇和干大豆为主要原料,加入牛奶、橄榄油作为辅料经过低温加工而成。大豆营养丰富,是良好的植物性优质蛋白来源,可预防多种疾病,含有人体必需的多种氨基酸,尤其以赖氨酸居多,对于补充我国居民谷物食品中赖氨酸不足具有重要意义。大豆中富含人体必需的不饱和脂肪酸以及多种维生素,不含胆固醇,富含的卵磷脂还有助于血管壁上的胆固醇代谢。猴头菇是我国传统的名贵菜肴原料,具有健胃、补虚、抗癌、益肾精的功效,可治疗消化不良、胃溃疡、胃窦炎、胃痛、胃胀及神经衰弱等疾病,在风味上与豆腐和牛奶相得益彰。牛奶不仅风味浓郁,且具有较好的营养价值,在冰激凌加工中起到一定的乳化作用。橄榄油主要为产品提供油脂,但其主要含不饱和脂肪酸,营养价值较高,以之取代氢化植物油,极大地提高了产品的安全性能。由此制备的冰激凌产品不仅适合大众消费,适合孕妇和儿童食用,也适宜于糖尿病、肥胖、心脑血管疾病人群的食用,具有广阔的市场前景。制作出的猴头菇豆腐冰激凌符合国家相关标准要求,色泽均匀,口感细腻,营养丰富,并具有较好的营养保健功能。

1.4.13　猴头菇蓝莓蛋白胨

蛋白胨口感软滑,清甜滋润,是一种低热量高膳食纤维的健康食品,因此备受广大消费者特别是儿童的青睐,成为一种当今流行的休闲食品。申世斌等以猴头菇为原料,经过复合酶(纤维素酶和木瓜蛋白酶1∶1)对猴头菇蛋白进行有控制的水解,经碱法酶解、强电场分离技术和超声波辅助提取猴头菇蛋白,再与天然蓝莓果汁复配研制出猴头菇蓝莓蛋白胨。成品呈紫色,蓝莓味浓郁,酸甜可口,无涩味,广受人们喜欢。

1.4.14 猴头菇特色菜品

1.4.14.1 猴头菇墨鱼丸

相玉秀等以猴头菇、墨鱼、玉米淀粉为原料,以感官评分为指标,研制出猴头菇墨鱼丸加工配方。猴头菇的添加量9%,墨鱼4%,玉米淀粉7%,最佳盐斩时间为15 min。制作出的猴头菇墨鱼丸表面干燥,切面光滑无孔洞;猴头菇及墨鱼香味较浓,几乎无鱼腥味;弹性好,压过后能迅速恢复原样,综合品质较佳。

1.4.14.2 燕麦猴头菇鸡肉丸

姜莉莉以鸡胸肉、燕麦片、猴头菇等为原料,采用单因素实验方法和正交实验方法对鸡肉丸制作工艺进行优化。结果表明,燕麦猴头菇保健鸡肉丸的最佳配方:燕麦片添加量15%,猴头菇添加量2%,料酒添加量10%,其他配料添加量为红枣2%、姜粉0.3%、葱6%、盐1.6%、白胡椒粉0.25%、鸡精1%。制成的燕麦猴头菇鸡肉丸形状完整、富有弹性、口感紧实,具有减脂养胃的保健功效。

1.4.14.3 猴头菇鸡肉糕

郑梦莲等采用鸡胸肉、虾肉代替猪肉、鱼肉,采用猴头菇增添营养成分,选取红薯淀粉添加量、猴头菇添加量、蒸馏水添加量、蒸制时间进行四因素三水平正交实验,得到猴头菇鸡肉糕的最佳制作工艺:红薯淀粉添加量为12%,猴头菇添加量为3%,蒸馏水添加量为20%,蒸制时间为30 min。其余配料添加量为20%虾肉、2%料酒、0.3%姜粉、6%葱、1.6%盐、0.25%白胡椒粉、10%蛋清。铺平厚度约3 cm,大火蒸制30 min,取出在表面抹上蛋黄,再蒸制2 min,取出冷却后得到成品。制得的猴头菇鸡肉糕富有弹性,营养丰富,风味独特,是一种低脂健康食品。

1.4.14.4 猴头菇双皮奶

双皮奶是一种粤式甜品,将新鲜的牛奶煮开,趁热倒在碗里,待鲜牛奶表层结出奶皮,用筷子将奶皮刺穿,将碗里的奶倒出,向奶中加入适量的鸡蛋清,再倒回碗里,使奶皮慢慢地浮起,然后放到蒸箱中蒸制,鸡蛋凝固后形成冻状,这样形成了二层皮。上层奶皮甘香,下层奶皮香滑润口。卢金桦等以猴头菇、牛奶、鸡蛋为主要原料开发出一款猴头菇双皮奶,通过感官评价的方法优化猴头菇双皮奶的配方和工艺。双皮奶上层配方为牛奶 200 g、绵白糖 38 g、菠萝汁 62.5 g、全蛋液 41 g、奶粉 5 g、明胶 1.2 g;下层配方为牛奶 200 g、菇浆 24 g、奶粉 2.88 g、绵白糖 20 g、蛋清 35 g、白醋 0.2%;上层与下层质量比为 8∶92。加工条件为下层奶在 90℃的蒸汽下加热 35 min,加入上层奶,蒸 20 min。按此工艺和配方制得的双皮奶层次清晰,颜色分明,上层暖黄色、有弹性及菠萝芳香,下层纯白色、绵软顺滑、味道清淡。

1.4.15 猴头菇提取物保健品

1.4.15.1 猴头菇精

采用水提醇沉方法,最大限度地保留猴头菇特有的多糖、多肽、蛋白质、微量元素等多种有效成分及浓郁的猴头菇香味,在工艺上很好地解决了浸膏的浓度问题,并科学地确定了抽提物的标准配方。采用拌料—提取蒸煮—过滤—醇沉—过滤—回收乙醇—浓缩—造粒的工艺流程,生产猴头菇精。与传统的醇提方法相比,该方法猴头菇的出膏率可提高 30%,即可节省 30%的猴头菇原料,乙醇损耗减少 41%,大大降低了生产成本,技术稳定成熟。该产品保持了猴头菇应有的营养成分,是一种加入开水冲调即可饮用的绿色保健饮品,也可进行再加工或加入其他食品中,多方位地体现其食疗价值,满足不同人群对猴头菇产品多样化、多层次的需求。

1.4.15.2 猴头菇菌丝体粉冲剂

张沿江等通过培养基料的制作、灭菌、接种猴头菇菌种、养菌、烘干与粉碎等工艺处理,得到猴头菇菌丝体粉冲剂。

1.4.15.3 猴头菇膳食纤维

水不溶性膳食纤维对人体有害物质有较强的吸附和清除能力,可刺激肠道蠕动,加速肠内有毒物质排出体内,防止便秘、结肠癌,抑制与肠胃有关的其他疾病。张江萍等采用酸碱浸提法进行了猴头菇水不溶性膳食纤维的提取实验,以 NaOH 浓度、浸提温度、料液比及浸提时间为因素,进行了提取工艺优化。结果表明,最佳提取工艺为 NaOH 浓度 0.3 mol/L,料液比 1∶8,浸提时间 2 h,浸提温度 60℃。在此条件下,水不溶性膳食纤维提取率为 46.03%,为进一步研制猴头菇新型保健食品奠定了基础。

徐新乐等以提取多糖和蛋白质后所剩的猴头菇残渣为原料,利用 UMAE 制备猴头菇高品质膳食纤维,最佳工艺条件:酶添加量 3%、微波温度 55℃、超声功率 300 W、酶解时间 75 min,制备出的猴头菇膳食纤维具有良好的胆固醇吸附能力。

1.4.15.4 猴头菇多肽

生物活性多肽是一类对生物体具备特别生理作用的肽类化合物,分子量低,生物相容性好,具有调节生物代谢的功能,极具发展前景,近年来关于活性多肽的制备与功效研究已成为研究热点。同政泉等以猴头菇蛋白质为原料,采用超声波—微波辅助酶法制备猴头菇多肽,以多肽得率为指标,通过单因素及正交实验优化确定猴头菇多肽的制备工艺条件为超声功率 300 W,超声时间 50 min,酶添加量 5 000 U/g,酶解温度 50℃,多肽得率为 65.14%。猴头菇多肽具有良好的抗氧化活性和降血脂能力。

1.4.16 猴头菇片剂保健品

1.4.16.1 猴头菇口含片

为了提高猴头菇的综合利用价值,高阳以猴头菇为原料,对猴头菇口含片产品配方和工艺进行了研究,确定了两种猴头菇含片的配方。猴头菇口含片产品 1 的最佳配方为猴头菇熟粉添加量 8%,D-甘露醇添加量 56%,麦芽糊精添加量 31%,预胶化淀粉添加量 5%,硬脂酸镁添加量 0.5%。猴头菇口含片产品 2 的最佳配方为猴头菇提取液添加量 9%,D-甘露醇添加量 45%,麦芽糊精添加量 30%,麦芽糖醇添加量 16%,硬脂酸镁添加量 0.5%。通过粉末压片法和湿粉压片法来制备猴头菇口含片休闲食品。用减重法测定水分、凯氏定氮法测定蛋白质、索氏提取法测定脂肪、斐林试剂法测定总糖、苯酚—硫酸法测定多糖、液相色谱法测定腺苷含量,对两种含片产品质量进行评价。猴头菇口含片水分、灰分、蛋白质、脂肪和总糖的含量,产品 1 分别为 8.05%、7.83%、24.7%、5.79% 和 42.57%;产品 2 分别为 8.24%、6.15%、24.1%、6.01% 和 41.49%。产品 1 和产品 2 中多糖含量分别为 4.67% 和 5.73%。产品 1 和产品 2 中腺苷含量分别为 0.172 mg/g 和 0.096 mg/g,研制出的两种猴头菇口含片质地均匀、风味较好。

1.4.16.2 猴头菇蛋白多糖口含片

张鑫等以猴头菇为原料,进行猴头菇蛋白多糖提取工艺研究,并通过添加柠檬酸、木糖醇、淀粉等辅料,研制出一种酸甜可口、具有一定抗氧化能力的猴头菇蛋白多糖口含片。

1.4.16.3 猴头菇复合枣片

猴头菇平菇复合枣片是以猴头菇和平菇为主要原料,以红枣、山楂为辅料加工而成。不仅口感酸甜可口,而且营养价值非常高。刘媛等研究出了复合枣片的最佳配料组成:猴头菇浆 30 g、平菇浆 70 g、山楂浆 40 g、红枣浆 40 g、白砂糖 8 g、淀粉 5 g、卡拉胶 0.2 g、蛋白糖 0.1 g。产品酸甜可口、色泽红润、营养丰富、食用方便,结合了猴头菇、平菇、红枣和山楂的多种营养元素,具有良好的前景。

1.4.16.4　猴头菇益生菌奶片

以脱脂奶粉为主要原料,加以猴头菇制成的猴头菇发酵乳粉末,再添加绵白糖、硬脂酸镁等,从原料比例方面对猴头菇益生菌奶片进行研究。贺莹等研制出猴头菇益生菌奶片的最佳工艺配方:脱脂奶粉 37.5%,猴头菇发酵乳粉末 15%,绵白糖 12%,硬脂酸 2.5%,CMC-Na 2.5%。根据猴头菇益生菌奶片的理化指标检测,其水分、外观、添加剂、添加量等各项指标均符合国家标准,猴头菇益生菌奶片将猴头菇和益生菌添加到奶片中,为奶片的加工提供了新的依据,增加了奶片的营养价值,从而扩大了奶片的销售市场,同时为猴头菇的深加工提供了新的方向。

1.4.16.5　铁皮石斛猴头菇复配咀嚼片

铁皮石斛为兰科石斛属多年生草本植物,是一种分布在岩溶地区的中药材植物,它因表皮呈现铁绿色而得名,是我国传统的名贵中药,有"药中黄金"的美誉。目前,浙江、云南、广东、广西、湖南、江西、安徽、福建、江苏等地均有种植,其中以云南、广西等省区种植面积较大,2014 年石斛种植面积达 3 万多亩,年产鲜条约 8 000 t。铁皮石斛含有大量有益于人身健康的药用活性成分,富含石斛多糖、石斛碱、氨基酸、酚类等。现代药理研究发现铁皮石斛活性成分具有滋阴清热、益胃生津、润肺止咳等功效,常用于口干烦渴、病后虚热等多种病症;具有抗肿瘤、抗血凝、降血脂、降低血糖、提高免疫力、抗衰老等功效。

张娥珍等以铁皮石斛、猴头菇、淮山为主要原料,洗净后切块,在 100~120℃下热风干燥至水分低于 5%,超微粉碎,过 500 目筛;各种物料混匀后,加入体积为 60%~70%酒精,湿法制粒,过 20 目筛,然后于 45℃下干燥至含水量达到 4%~6%,利用常规湿法压片得到铁皮石斛猴头菇复配咀嚼片。采用超微粉碎技术将铁皮石斛、猴头菇、淮山等原料处理成微米级微粉,使得原料活性成分溶出吸收快,生物利用度高,组织细胞破碎率达到 90%以上,多糖一次释放率达到 95%以上。铁皮石斛、猴头菇、淮山等原料通过超微粉碎后,全粉直接制粒压片,利用度高,无剩余副产物,杜绝了珍贵原料浪费,且生产工艺简单,工业自动化程度高,易于规模化生产。

保健食品行业是我国的新兴行业,消费者对保健食品的需求非常旺盛。随着铁皮石斛、猴头菇等的传统功效不断地被现代人们通过药理研究和临床疗效所肯定,铁皮石斛和猴头菇越来越受推崇。如今,随着生活节奏加快及对片剂食品的认知程度的提高,消费者越来越倾向服用方便快捷的保健食品。但单一品种的中药药效已经不能完全满足消费者对不同保健效果的需求,因此,针对铁皮石斛、猴头菇等的各自药效,通过科学配方组合研制制成咀嚼片,不仅能有效解决单一中药药效不能完全起作用的问题,让其药效得到提高及联合作用,同时也能满足消费者对保健品方便食用、易于携带的要求。铁皮石斛猴头菇复配咀嚼片将会是保健食品行业日后发展的新趋势。

1.4.16.6　猴头菇咀嚼片

郭子旋等以猴头菇为主要原料,采用水煎煮法提取猴头菇的有效成分浓缩成浸膏,再通过干燥制备成粉末,用粉末直接压片制备猴头菇咀嚼片。通过实验确定猴头菇咀嚼片的最佳处方为猴头菇浸膏粉 39.3 g,甘露醇 78.6 g,柠檬酸1.41 g,硬脂酸镁 0.59 g。成品表面光滑,色泽为均匀的淡棕色。

1.4.16.7　猴头菇水提取物泡腾片

泡腾片是一种新型固体制剂,用少量水使其发生酸碱反应,溶解形成溶液后口服。加入矫味剂和着色剂的泡腾片,无论色泽还是口感均被易于接受。王文宝等研制出猴头菇水提取物泡腾片。通过考察确定猴头菇水提取物泡腾片的制备方法及碳酸氢钠包裹物 PEG 6000 质量分数。通过单因素实验考察确定填充剂、崩解剂、黏合剂、矫味剂和润滑剂种类和质量分数,以外观、口感、崩解时间作为评定指标,对泡腾剂总量、泡腾剂酸碱质量比及甜味剂质量分数进行正交实验优化,最终确定其工艺配方:采用碱源包裹分开制粒压片法,PEG 6000 质量分数4%、泡腾剂总量为 42.5%、泡腾剂酸碱质量比 1.5∶1、甜味剂质量分数 2%。该工艺制备的泡腾片质量稳定,重现性好,符合《中华人民共和国药典》规定。制得的猴头菇水提取物泡腾片表面光滑美观、色泽均匀,泡腾后溶液澄清、口感良好。

1.4.17　猴头菇药品

猴头菇活性成分的药用价值极其丰富,对猴头菇药品的研发是广大研究者的兴趣所在。猴头菇药品的加工主要采用菌丝体的斜面试管培养,经过三级菌种的选育,在发酵罐中发酵 7~10 d,然后放罐收集菌丝体,烘干后配制成各种剂型的中成药,如"胃乐新""健胃灵""猴头菌片""猴头浸膏""复方猴头冲剂""谓葆""猴头菇口服液"等,用于治疗消化不良、消化道溃疡、炎症等疾病。吴平安等研究了猴头菇富硒的关键技术。王饪涵等开发了对大鼠急性胃黏膜损伤有很好的保护和修复作用的猴头菇胃黏附片。张建芳等利用猴头菇多糖制成了提高肺结核治愈率的复方猴头颗粒产品。胡洪勇等开发出了能够有效治疗药物性胃炎的猴头菇提取物颗粒。余静珠等研制的猴头菌片联合莫沙必利,对老年人功能性消化不良疗效明显。王利丽等开发了猴头菌口服液,能显著地提高小鼠的学习记忆能力以及免疫力,并且可以改善由糖尿病引起的体重下降症状,同时不会产生副作用。陈慧敏等开发的猴头菌片联合铝碳酸镁对胃癌术后消化不良有较好的治疗作用。

猴头菌片发挥作用的主要成分为猴头菇多糖,它是一种由蛋白质、糖和硫酸基构成的硫酸酯多糖。徐项益等进行了复方猴头菌片对慢性萎缩性胃炎的治疗研究。结果表明在慢性萎缩性胃炎治疗中选择常规药物联合复方猴头菌片、奥美拉唑等进行治疗可进一步提高疗效,腺体萎缩得到恢复,不良反应不会增加,用药安全性较高。王茜等研究了猴头菌片对大鼠急性酒精性胃黏膜损伤的保护作用及机制,解剖胃组织发现,给药小鼠的胃黏膜出血、水肿程度明显减轻,这说明猴头菌片对胃黏膜的损伤有明显的保护作用,刮取给药预防小鼠的胃黏膜检测氨基己糖含量,发现含量显著提高。这说明猴头菌片可作为一种胃黏膜保护剂,且有良好的预防作用。

李洁莉等研究发现猴头菇药物制品胃乐宁片剂中含有腺苷且含量稳定,认为猴头菌药效与腺苷之间可能有关联。黄茜等发现猴头健胃灵和莫沙必利一起使用对老年人的消化功能有一定的改善,对于腹部的多种症状都具有明显的改善作用,比如腹痛、上腹烧灼感、腹胀等。郑绍军发现思连康与胃葆结合使用,对孩童的肠系膜淋巴结炎有明显的治疗效果,毒性小,副作用少。

1.5　果蔬采后褐变的研究进展

果蔬贮藏加工中品质下降的一个重要原因是褐变,褐变不但使猴头菇的色、味等感官品质下降,还会造成营养损失。酶促褐变和非酶促褐变是果蔬褐变的两大原因。

1.5.1　酶促褐变

果蔬采后发生的主要褐变反应是酶促褐变,国内外学者对酶促褐变进行了大量研究,先后产生了乙醛毒害假说、酚—酚酶假说、维生素 C 保护假说和酚—

酚酶的区域性分布学说等,但是还没有哪一个假说可以精确地阐述酶促褐变发生的机理。目前,科学家普遍接受的假说是酚—酚酶的区域性分布学说。其主要是指果蔬中的酚类物质,例如,绿原酸、酪氨酸、单宁等,经过多酚氧化酶的作用而发生生物化学反应生成褐色物质的过程。酶促褐变需在适宜的条件下才能发生,大致包括以下要素:

(1)酚类化合物。

酚类底物被酚氧化酶氧化生成亲电子极强的醌。在醌积极参与多种反应时,被其他物质质子化而生成黑色或黑褐色色素,从而导致果蔬褐变。酚类物质通过络合金属离子来破坏金属离子在细胞生命活动中的作用,同时还可以与酶、蛋白质等物质的氢键相结合,从而破坏细胞组织,因此想要保护细胞并维护其正常的生理代谢,维护正常的酚和酶底物区域化分布意义重大。

(2)与褐变相关的酶。

①多酚氧化酶。不论是在高等动植物还是在低等的细菌、真菌体内几乎都存在 PPO(多酚氧化酶),因其在生物细胞部位不同,其活性和含量存在较大的差异。其在组织细胞中常以可溶态(FPPO)和结合态(BPPO)两种形式存在,但是从大量实验发现,以 FPPO 形式存在的 PPO 是作为果蔬酶促褐变反应的酶,例如,荔枝果皮和莱阳梨。然而果蔬在正常状态下,PPO 是以 BPPO 形式存在于果蔬中,苹果和桃中 FPPO 分别占总酶活力的 8%~15%、20%~30%。如若细胞膜结构遭到破坏,会导致酶促褐变的发生或加速其反应速率,这主要是因为 BPPO 转变为 FPPO 与底物接触从而使其氧化。因此,研究 FPPO 和 BPPO 之间的转化情况,不仅可以了解该种酶的氧化情况,还可以了解细胞膜功能系统上的变化。

目前,国内外对 PPO 研究成果的报道越来越多,研究结论可概括为 PPO 不仅分布广泛,而且是使果蔬发生酶促褐变的主要酶,PPO 的活性与不同果蔬褐变的发生及其褐变的程度有着密切的关系;褐变程度与 PPO 活性呈正相关,果蔬的褐变常伴随 PPO 活性的增高。

②过氧化物酶(POD)。同 PPO 一样,POD 同样以游离态和结合态两种形式广泛存在于自然界。目前已经发现,POD 对于果蔬的激素平衡、乙烯的生物合成、成熟衰老过程中呼吸控制和膜完整性有一定作用。在植物的生长发育中,POD 可清除细胞内多余的过氧化物,从而起到延缓膜脂过氧化作用。

有报道指出,POD 可以通过催化类黄酮及酚类的聚合和氧化,从而导致组织褐变。冯彤等发现草菇的褐变主要是由 PPO 和 POD 参与引起。陈彦等在研究凤尾菇时发现菇体的 POD 的活性与褐变程度呈正相关,王新凤等研究秀珍菇时发现 POD 活性随着贮藏温度的升高而升高,接近腐败时出现峰值。杜传来等发现慈姑中催化酚类物质氧化的主要酶类是 POD。

③苯丙氨酸解氨酶。普遍存在于高等植物中的另一种催化酚类合成的关键酶是苯丙氨酸解氨酶(PAL),它能够催化 L-苯丙氨酸解氨生成反式肉桂酸。关军锋等在研究苯丙氨酸代谢的酶系统的活性时发现,苯丙氨酸代谢的酶系统活化可导致酚类物质的积累,从而引起褐变,而 PAL 是苯丙氨酸代谢过程中的关键酶,所以其活性可作为判断果蔬褐变的指标。

过氧化氢酶(CAT)是另一个重要的苯丙氨酸解氨酶,其在维持细胞膜的稳定及清除果蔬体内 H_2O_2 毒害进而对延缓果蔬的成熟衰老过程有重要作用,清除 H_2O_2 也会使酚类物质的氧化速度降低,从而延迟褐变的发生。植物组织在衰老过程中 CAT 活性下降,使得清除 H_2O_2 的作用也随之减弱。

(3)氧气。

褐变发生的一个重要条件是氧气。氧气的含量对褐变的发生有重要影响。

1.5.2　非酶促褐变

在无酶参与下的褐变反应叫作非酶促褐变,此类褐变反应不仅会导致食用菌颜色变化,还会导致其生理生化指标发生变化,使食用菌的食用品质下降,缩短其贮藏期。

1.5.2.1　抗坏血酸氧化分解

食品中主要营养成分之一抗坏血酸极易氧化分解,并与游离氨基酸反应,生成红色素及黄色素。

1.5.2.2　美拉德(Maillard)反应

氨基化合物(肽、游离氨基酸和蛋白质)的氨基与还原糖类发生反应,导致果蔬发生一系列的生理生化变化,最终生成黑褐色物质的过程称为美拉德反应。它是食品在长期贮存或加热后发生褐变的主要原因。

1.5.2.3　酚类氧化缩合反应

多元酚化学性质活泼,极易氧化成为亲电子基团较强的苯醌。因此,多元酚呈色的原因是果蔬中其他化合物与多元酚氧化发生了缩合反应而产生的色素。

1.6　采后食用菌的生理生化变化

采收后的食用菌仍具有采收前的生理状况,在外界的刺激下,食用菌在后熟作用下,消耗了自身的营养物质,产生酚类等有害物质,影响其贮藏期限和食用品质。由于食用菌自身组织结构和生理活性的特殊性,很容易导致其衰老。新鲜食用菌含水率较高、代谢旺盛使得新鲜菇体更容易发生萎蔫、褐变和衰老。因此,研究新鲜食用菌采后生理和病理对抑制其在加工、贮藏过程中的变质和褐变有着重要的参考价值。

1.6.1 采后食用菌的呼吸作用

作为一切生命活动存在的基本特征之一,呼吸作用强弱直接影响食用菌采后营养物质消耗和水分散失。食用菌采后同化作用基本停止,异化作用加剧,呼吸作用便成为食用菌采后生命活动的主导过程。影响采后食用菌呼吸作用的因素很多,例如,食用菌的品种、采收时食用菌的成熟度、机械损伤,以及贮藏环境温度和气体条件等。呼吸强度是检测食用菌呼吸强弱的指标,为了能减弱贮藏期间食用菌的呼吸作用就要降低呼吸强度。相关研究表明,低温可以有效降低食用菌的呼吸强度。

1.6.2 采后食用菌的蒸腾作用

食用菌采收后由于其生命活动仍在进行,其水分不断蒸发,同时又得不到外界的补给,因此给食用菌采后贮藏保鲜带来不利的影响。蒸腾作用是食用菌采后水分散失的主要原因,因此寻找抑制食用菌采后蒸腾作用的方法对于研究食用菌贮藏保鲜技术有一定意义。

影响食用菌采后蒸腾作用的主要因素有自身组织结构、食用菌种类和成熟度、贮藏环境湿度、贮藏温度以及通风和光照。双孢蘑菇用 PE 袋包装,在20℃环境中贮藏,其在 36 h、24 h、12 h、0 h 的含水量分别为 86.5%、86.92%、90.72%、92.6%。

1.6.3 采后食用菌的营养物质变化

食用菌采后发生变化的营养物质主要有碳水化合物、蛋白质与氨基酸、脂类等,这些物质的变化一般是在相关酶的参与下发生的。

1.6.3.1 碳水化合物代谢

采后食用菌缺少外界营养物质和水分供给,但是其生命活动仍在继续,为了提供酶活作用的能量,其只能消耗自身水分和可溶性固形物,因而随着贮藏时间延长,食用菌中可溶性糖含量逐渐降低。

1.6.3.2　采后食用菌的蛋白质与氨基酸代谢

食用菌采收后因后熟作用,菇体蛋白质降解使其游离氨基酸含量不断增加,积累的游离氨基酸导致食用菌风味发生改变,同时游离氨基酸容易被氧化成醌类等有色物质,使食用菌发生褐变。

1.6.3.3　采后食用菌脂类代谢

食用菌细胞膜上存在大量的脂类物质,它与食用菌在贮藏期间的抗逆性有关。随着贮藏时间延长,食用菌的脂类物质被大量消耗,膜脂过氧化作用加剧,其自由基的不断积累致使食用菌的膜系统受到破坏。从而导致酚—酚酶区域化分布被打乱,致使子实体褐变加剧。

1.6.3.4　采后食用菌酶活力的变化

新鲜食用菌所有的生化反应都需要酶的参与。不同食用菌其酶系统组成及其活力有很大差别。在食用菌贮藏前期其内部活性氧代谢系统处于动态平衡状态,随着贮藏时间的延长,活性氧、自由基逐渐积累,而保护酶系统中酶活性不断下降,导致食用菌组织内自由基水平升高。自由基的升高破坏了生物膜系统,导致细胞内物质外溢加剧,自由基又会促进乙烯生成,致使食用菌衰老加剧。膜系统被破坏导致酚—酚酶区域性分布被打破,使得 PPO 与食用菌内的酚类物质结合生成醌,醌再经进一步生化反应形成有色物质,导致褐变。因此,如果食用菌受到机械损伤,其褐变及营养物质消耗会加剧。

1.7　食用菌保鲜方法研究进展

食用菌保鲜采用的处理方法主要有低温冷藏、气调贮藏、辐照处理、化学药品处理、臭氧处理贮藏等。这些处理方法对于食用菌保鲜均有一定的效果。

1.7.1　低温保鲜技术

低温保鲜使微生物的生命活动及新鲜果蔬的新陈代谢受到抑制,它可以在一定时期内有效保持新鲜果蔬的风味、颜色等。冰藏和机械冷藏是其应用的两种方式。其中冰藏一般应用于果蔬短时间、小范围下的贮藏。机械冷藏的应用范围受限较小,是一种现代化的贮藏方式。

1.7.2　低温气调保鲜技术

通过改变袋内或气调库中的气体成分,以达到延长果蔬贮藏期,保存其新鲜度的目的的保鲜方法为低温气调贮藏保鲜,其贮藏效果优于低温冷藏保鲜。自发气体调节贮藏法(Modified Atmosphere Storage,简称 MA),以及机械控制气体贮藏法(Controlled Atmosphere Storage,简称 CA)是低温气调贮藏保鲜中常用的两种方法。MA 贮藏是利用透气透水相对适宜的薄膜包装食用菌,利用自身生理代谢活动在包装环境中形成适宜的气体成分,抑制自身呼吸代谢来达到延长贮藏期的效果,因为其操作较方便又被称为简易气调贮藏。CA 贮藏操作复杂、成本较高,一般应用于大型果蔬贮藏,它是通过机械方式,按一定气体比例来调节环境中气体成分,使环境中的气体成分长时间保持在低 O_2 高 CO_2 的条件下来延长果蔬的贮藏期,保持更好的新鲜度。郑永华等将食用菌置于 O_2 浓度 8%左右,CO_2 浓度 10%左右的0℃冷库中贮藏,可明显抑制食用菌的褐变和开伞,贮藏后期子实体表面微黄,影响外观;利用减压、低温(1±0.5℃)结合 PE 包装(厚度 40~60 μm)及放置保鲜剂贮藏方法,可有效延长鲜菇的贮藏期(30~41 d),好菇率达到 98.5%以上;将新鲜蘑菇置于相对湿度(RH)为 95%~100%、O_2 浓度 1%,CO_2 浓度 10%~15%的聚乙烯薄膜袋中,在 0~3℃下贮藏 30 d 后,仍保持良好的内在品质。

1.7.3　辐照处理保鲜技术

辐照处理保鲜技术属于发展前景较好的前沿保鲜技术,它是利用穿透能力超强的射线来辐照食用菌,达到杀死菇体表面微生物,减缓外界不良环境对菇体的伤害,同时还可以破坏食用菌体内酶的活力,降低自身生理生化代谢,达到延长贮藏期的效果。相关研究表明,经过不同剂量辐照处理的双孢菇在开伞、褐变、自溶等方面明显低于对照组,可有效保持菇体的新鲜度。

1.7.4　臭氧处理保鲜技术

臭氧作为一种强氧化剂,不仅可以通过氧化菇体表面微生物细胞膜中的部分蛋白质或不饱和脂肪酸以致微生物死亡,还可以增强菇体自身的抗性,减缓一些病害发生,如褐斑病、酸腐病、褐变等。

1.7.5　化学药剂处理保鲜技术

化学药剂处理是为了增强食用菌的保鲜效果,而在菇体表面涂抹化学药剂或进行化学药剂的浸泡处理,目前常用的化学药剂主要有焦亚硫酸盐、食盐、柠檬酸、抗坏血酸等。

1.7.6　速冻保鲜技术

由于果蔬品质的下降与其表面微生物有很大关系,所以简捷、有效杀死果蔬表面微生物的保鲜方法成为目前果蔬贮藏保鲜技术研究的重点。速冻保鲜技术能有效抑制菇体表面微生物的生长,它可以有效保持果蔬原有风味、食品品质,延长其贮藏期。但是这种方法因贮藏成本较高,在中国果蔬市场较少采用。

1.8　素肉与素肉干简介

植物素肉,又称肉类拟物,是仿生或代替肉类食品的一种,不仅能满足消费者对肉类食品质地和感官的需求,还能提供营养;尤其是以植物蛋白为主要基料制作的素肉产品,蛋白质含量较高,脂肪含量低,适合肥胖、高血脂、素食等有特殊需要的消费人群。因此,随着人们对健康和营养的不断追求以及为了满足消费者日益增长的对健康的需求,植物素肉的开发及研究是潮流驱动的必需品,更加符合《健康中国行动 2019—2030》中提出的主题要求。

1.8.1　植物素肉生产原料

植物素肉是以植物蛋白为主要基料,经一定工序加工制作而成、具有纤维结构、类似于动物肉的风味和口感的素食产品。肉类生产过程中会产生对环境不利的排放物,而植物素肉所含脂肪较低,能有效减少或避免因食用大量动物脂肪而引发的潜在健康风险,长期食用可有效预防高血压、糖尿病等慢性疾病的发生,同时也可以提高免疫力,有利于身体健康。我国是粮食作物种植大国,如大豆和花生总产量在 6×10^6 t 左右和 2×10^6 t 左右,其中的 $50\% \sim 65\%$ 用于制油,多年来,制油后的副产物即脱脂大豆、花生饼粕常作为饲料或肥料,但其中蛋白质质量分数高达 50% 以上(干基),而大豆和花生蛋白主要由球蛋白和伴球蛋白组成,氨基酸组成合理,消化率高,具有极高的开发利用价值,是制作植物素肉的优势原料,生产植物素肉的原料主要有以下几类。

(1)大豆蛋白。

大豆是我国种植的主要农作物之一,来源广,成本低,大豆中含有丰富的营养成分,其蛋白质质量分数可以达到近 40%。大豆蛋白是素肉常用的原料,利用大豆蛋白本身的结构特点和功能特性,可有效改善植物素肉的组织状态和口感,提高素肉的弹性、保水性、咀嚼性等性质,同时还可以降低生产成本。

（2）小麦蛋白。

小麦面筋蛋白主要是由醇溶蛋白和谷蛋白组成的，一直以来，因其较低的溶解性限制了其在食品工业中的应用，但小麦蛋白独特的结构特点使其能够在挤压组织化后获得与肉类相似的组织状态和纤维结构，同时具有较好的弹性和柔韧性，这成为近年来植物素肉相关研究中人们关注的热点。此外，小麦蛋白中氨基酸组成比较全面，具有较高的营养价值，可作为理想的肉类替代品。

（3）魔芋。

魔芋，又称麻芋、鬼芋，素有"去肠砂"之称。魔芋含有大量葡甘露聚糖、维生素、植物纤维及一定量的黏液蛋白，葡甘露聚糖可以预防和治疗便秘、肥胖、糖尿病、炎症性肠病等多种疾病。研发出的魔芋素肉产品不仅具有营养和保健功能，还具有与动物肌肉制品类似的结构和口感，开发和应用前景广阔。

（4）食用菌。

食用菌同样也含有丰富的蛋白质成分，干重时蛋白质的质量分数最高可达25%左右，与牛肉、猪肉等畜禽产品中蛋白质含量接近。虽然食用菌的产量较低，十分稀有，但是其营养物质丰富，活性成分还具有抑菌、抗氧化、抗癌等作用。

1.8.2　植物素肉研究现状及产品优势

植物素肉是一种模拟传统肉的外形、感官和质构等理化特性的素食食品，能满足消费者对肉类相似的外观、质地、风味和适口性等的需求，也适于素食者、动物保护者和环境保护者等特殊人群。近年来，人们通过研究发现，挤压等加工处理后，植物蛋白质的物理、化学特性和营养功能特性改变，改变的程度与植物蛋白的来源和种类密切相关。以小麦蛋白为原料制得的素肉丸具有纤维丝多、韧性好、多汁性的优点。陈军明研究不同种原料蛋白对素肉脯产品特性的影响，优化得出了变性马铃薯淀粉、变性玉米淀粉和变性木薯淀粉的最佳添加量为1.5%、1.0%和20%，复水大豆组织蛋白和大豆分离蛋白各占35%和5%时产品的口感和组织结构最佳。适当添加改良剂可以提高素肉产品的品质，马宁通过研究发现适量的添加氢氧化钠（0.075%）对小麦组织化蛋白（TWP）品质起到改良作用；L-半胱氨酸的添加使小麦组织化蛋白（TWP）组织化度、咀嚼度、硬度大幅提高，使产品的口感与肉类更加接近。

除原料能够影响植物素肉产品品质外，挤压能使蛋白质分子排列整齐以及使组织结构纹理更具有规律，使植物蛋白与动物肉具有相似的多孔组织，从而具备与肉类相似且良好的咀嚼性和保水性。挤压过程中的加热温度、压力、pH 等影响素肉产品的品质。吕斌以鲜豆渣为原料生产植物化组织蛋白时发现,当挤压的二区温度为 150℃、三区温度为 170℃、进料速度为 25 r/min 时,组织蛋白组织化程度最好。陈芙蓉等通过确定休闲素肉产品质量的关键控制点:拉丝蛋白验收、油炸、调味、包装和灭菌,建立了能够提高生产管理水平和保证产品质量的HACCP 管理体系。近年来,高湿挤压技术是生产植物蛋白素肉产品的主要技术方法和手段,蛋白质在高温、高压和高速剪切作用下,蛋白质分子间的化学键断开,并进一步重排,新的化学键如二硫键结合形成聚集体,进而可以制成高度组织化和纤维化的模拟肉制品。高湿挤压得到的植物蛋白肉较传统的低水分挤压素肉具有水分含量高、产品纤维化程度高等特点。高培栋等利用高湿挤压技术制作复合素肉,以大豆分离蛋白和谷朊粉为基料,添加含牛肉香膏和食盐各1.5 g/100 g,孜然粉 0.8 g/100 g,酱油 1.0 g/100 g,制成的素肉在内部结构上基本与牛肉一致。陈浩等以感官评分为指标,确定制作休闲竹荪素肉最优的工艺条件为卤制时间和烘干时间各 25 min,调味油 20% 以及灭菌时间 45 min。

经过测定,在物理挤压后将物料完全 α-糊化的产品,消费者食用后比生物酶解产品对营养的吸收效果提高 20%,和原料直接食用相比提高 30%~50% 的营养吸收效果。

所以,以大豆蛋白为原料经过物理挤压进行糊化的产品,食用后能吸收到人体所需的低脂肪和高蛋白质。这种高营养吸收很难在食物及食品中找出替代品。所以,用大豆蛋白加工的素肉产品将成为未来食品加工的主要原料,也是为创造食品加工业"安全、健康、营养"的主要基础。

近年素肉已在食品产业中逐步应用。特别是在猪肉价格大涨后,素肉被很多食品加工企业当作猪肉替代品。其实在食品加工中,猪肉可用蛋白含量高的素肉来替代,但素肉类制品加工生产无法用动物肉来替代。通过先进工艺可以制造出很多"营养、健康、美味"的食品,而且在享受美味的同时,营养吸收比植物蛋白粉效果还高,是可以随时享受的保健食品。

但新生事物被认知必然要经过一个过程。虽然植物蛋白粉作为保健品销售很旺,但消费者对植物蛋白营养理念还很模糊,食品加工操作者及研发人员对它的认知度也有待提高。

好的植物蛋白素肉产品,可以避免动物肉食用后产生的不良影响。消费者食用动物肉类后,在得到高营养、高蛋白的同时,也会产生高脂肪、高胆固醇等问题。而食用植物蛋白素肉,消费者在得到营养、高蛋白吸收、美味等优点外,不会产生高脂肪、高胆固醇等问题。

1.8.3　新兴素肉产品

1.8.3.1　即食全素肉干

2008 年,即食全素肉干作为新型休闲食品投入市场。它以我国优质植物蛋白素肉为主要原料,从日本引进先进的加工工艺及生产流程,采用济宁耐特食品有限公司提供的风味和口感解决方案,通过 3 年时间精心研制而成。

由于植物蛋白素肉蛋白质含量达 60% 以上,在蛋白凝固性作用下,素肉干各种性状可与牛肉加工的牛肉干相媲美,口感风味还有所超越。所以在不远的将来,植物蛋白素肉干将成为休闲食品中的主要品种。在日本,它们已经成为消费者首选的休闲食品。

1.8.3.2　风味素肉粒

应用于方便面汤料包,比用肉类制品成本下降几倍,而且产品量轻、风味足,冲水后达到 95% 的浮粒。消费者吃得到、看得到,对风味的满意度超过肉类制品。

1.8.3.3　风味素肉块

肉粽是江南著名民间小吃,端午节期间销售更是火爆。但由于多采用五花猪肉,很多素食者或年轻人不敢多食。风味素肉块不仅可提高肉粽口感,而且其结构韧性大于五花猪肉,无论素食者还是怕油腻的年轻人均可放心食用。

动物肉含量高的加工食品出口难度大,所以很多企业放弃了出口。风味素肉类制品的产生,带给企业很大商机。它可以代替动物肉类制品,可以做到无动物肉含量,风味、口感、状态在相同成本下完全超出动物肉类制品,可用在素肉饺子、素肉包子、素肉馄饨、素肉调料等方面。

1.8.3.4　素肉粒(酱类制品专用)

消费者吃饭和做菜常用香辣酱、豆豉酱。酱制品制造商为提高产品品质,选用优质猪瘦肉或牛瘦肉,通过油炸、熟化后提高酱制品档次。但是生鲜肉经过油炸后,严重破坏了其营养和口感,而且动物瘦肉油炸后收缩严重,成本会提高,还得不到消费者认可。酱类制品专用素肉粒能提高酱制品风味及口感,还可节约成本和提高酱制品保质期。

1.8.4　植物素肉的发展趋势

我国作为农业大国,大豆、小麦、魔芋和食用菌的年产量都居于世界前列,但是资源丰富会造成浪费现象出现,同样也会带来滞销现象的产生。植物素肉在食品行业的应用,不仅可以充分利用丰富的资源,还可以代替牛肉、猪肉等肉类,既弥补动物蛋白资源缺乏的缺陷,又减少食用肉类产生慢性疾病的风险。随着物质生活水平的不断提高,人们不再简单地追求吃饱穿暖,而是更注重营养与健康。

植物素肉可以有效预防多种疾病,同时也是越来越多素食主义者补充自身营养的选择。随着人们对"膳食预防疾病和促进健康"的重视,素肉已经在菜肴、休闲食品、营养保健食品等食品工业方面广泛应用,并且将会在大量的需求推动下不断普及,植物素肉的开发和研究具有十分广阔的前景。

1.9 猴头菇贮藏保鲜及素肉干加工的研究背景、意义及主要内容

1.9.1 研究背景和意义

猴头菇是我国著名的食用兼药用食用菌,随着人们生活水平的不断提高和生活的多样化以及对猴头菇的营养价值认识的深入,猴头菇鲜品的需求量逐年增加。虽然关于猴头菇营养价值和栽培采收生产加工技术研究较深入,但是鲜有关于猴头菇采后生理及病理尤其是关于猴头菇保鲜技术的研究。猴头菇对生长环境要求苛刻,条件不适时,品质变化极快。猴头菇常温下采后两天,品质就开始劣变,尤其是变色,导致猴头菇变苦,其商业和营养价值受到较大影响,因此研究有效的猴头菇贮藏保鲜技术具有重要意义。

由于猴头菇不耐贮藏,目前猴头菇的贮运销售主要是干品。猴头菇在干燥过程中会发生颜色的变化,进而具有苦味,严重影响其食用价值。猴头菇干品脱苦是食用前必需的操作过程。常用浸泡、热煮等方式,耗时较长,且脱苦不彻底,处理后的猴头菇食用风味不佳,致使一些人不爱食用猴头菇。研究容易操作的彻底脱苦方法,意义非凡。

猴头菇的普通烹饪较烦琐,研究其深加工制品,消费者可直接食用,免去烹饪制作的麻烦,节省烹饪时间,符合现代人的需求。以新鲜猴头菇为原料,经过浸泡、调味、成型、干燥等工艺制成外感像牛肉干状态的猴头菇素肉干,味道可口,营养与保健作用俱佳,市场开发前景广阔。

1.9.2　研究的主要内容

（1）猴头菇贮藏过程褐变原因的研究。

通过研究猴头菇表面微生物对猴头菇褐变的影响，探讨导致猴头菇褐变的主要原因是酶促褐变还是非酶促褐变或两者兼有。

（2）猴头菇的保鲜方法研究。

分别考察不同浓度的壳聚糖、食盐、柠檬酸和抗坏血酸溶液对猴头菇的喷涂保鲜效果，确定最适喷涂剂种类和浓度。采用不同的贮藏温度对鲜猴头菇进行贮藏实验，确定最佳贮藏温度。分别采用网袋包装、保鲜膜包装、存放于保鲜盒后装入密封袋等不同包装方式，于冷库中贮藏，定期取样观察并测定相应指标。研究人工气调保鲜的氧气浓度、二氧化碳浓度和贮藏温度对猴头菇保鲜效果的影响。最后研究确定猴头菇贮藏保鲜的最佳综合手段。

（3）猴头菇素肉干制作方法研究。

对新鲜的猴头菇原料采用清洗、切分、风味改良、脱水、拌料腌制、微波热风组合干燥、表面喷刷炼乳、干制、冷却、包装、超高压灭菌等工序制作素肉干。若采用猴头菇干料为原料，需增加浸泡和脱苦工序。研究确定腌制液配方、浸泡液试剂种类和用量，研究预处理方法、真空浸渍方法和成品的表面处理方法。

（4）猴头菇素肉干的品质改良方法。

研究甜味剂、酸味剂和增香剂等不同风味添加剂对猴头菇素肉干的质地和风味的影响，确定产品配方。

第 2 章　猴头菇褐变的主要原因

生活中水果、蔬菜和食用菌的变色、变味、软烂大多由褐变引起,严重影响其感官性状、食用品质和商品价值。猴头菇组织偏软,水分含量高,采后常温下放置两天即可发生褐变,色泽黄变,组织软烂,水分外渗,开始腐败变质。目前关于猴头菇褐变的相关研究报道较少,本章以吉林省吉林市地产猴头菇子实体为试验材料,研究猴头菇褐变的主要原因,为探讨猴头菇的贮藏保鲜条件提供依据。

2.1　材料与方法

2.1.1　试验材料

猴头菇(吉林省吉林市桦甸村培育)由吉林市农户提供。采收后立即运回通化师范学院食品工程实验室。选取菇体完整、无病虫害、色泽均匀、大小相近、无机械损伤的猴头菇用于试验。

2.1.2　主要仪器与设备

T6 型紫外可见分光光度计,北京普析通用仪器有限责任公司;UV-2600 紫外可见分光光度计,SHIMADZU CORPORATION;HH-S 数显恒温水浴锅,上海博讯实业有限公司医疗设备厂;KQ-2200E 超声波清洗器,昆山市超声仪器有限公司;ThermoFisher 高速冷冻离心机,赛默飞世尔科技(中国)有限公司;FA1604A 电子分析天平,上海精天电子仪器有限公司;TDL-5-A 台式离心机,上海安亭科学仪器厂;MP21001 电子称,上海恒平科学仪器有限公司;DHG-9245A 电热恒温鼓风干燥箱,上海一恒科科学仪器有限公司;BCD-575WDBI 冰箱,海尔集团;RT300 便携式表面色度计,英国 Lovibond;DDS-11D 电导率仪,北京华瑞博远科技发展有限公司。

2.1.3 试验方法

2.1.3.1 猴头菇表面微生物对褐变的影响

（1）猴头菇表面微生物的采集与初步分离。

新鲜猴头菇采收后放入 27℃培养箱 72 h 后，采用稀释涂布平板法对猴头菇进行细菌和霉菌的分离实验。将接菌后的孟加拉红培养基和营养琼脂培养基分别置入 28℃培养箱培养 48 h 后和 37℃培养箱培养 24 h 后观察结果。

（2）猴头菇表面接菌试验。

选取培养皿中生长良好的霉菌菌种和细菌菌种，于无菌条件下种到新鲜猴头菇表面（猴头菇已经辐照灭菌处理），每个菌种各接种 9 个猴头菇，用塑料盒包装后置于 15℃的恒温培养箱中观察。对照样 9 个新鲜猴头菇于 15℃恒温培养箱观察。每天观察 1 次，放置 5 d 后对猴头菇进行拍照并测定褐变度。

2.1.3.2 猴头菇自身生理生化变化对褐变的影响

适量新鲜猴头菇置入 12℃冰箱冷藏室中，每两天测定一次其相关生理生化指标，记录变化情况。

2.1.4 测定指标与方法

2.1.4.1 褐变度（BD）测定

参考段颖的测定方法，量取 20 mL 蒸馏水置入坩埚中，加热沸腾后放入 1.0 g 鲜切猴头菇样品，30 s 后立即冷却并充分研磨，然后置入离心管中于 1000 下离心 5 min，上清液于 410 nm 下测定吸光度，以 $A_{410} \times 20$ 为猴头菇褐变的值。

2.1.4.2 细胞质膜相对透性测定

参考陈蔚辉和张福平的测定方法，采用 DDS-11D 电导率仪测定猴头菇提取液的电导率。随机取 5 个猴头菇，切成直径 φ 6mm×2mm 大小圆片，用蒸馏水冲洗猴头菇片 3 次，滤纸吸干后加 25 mL 蒸馏水。常温下放置 1h，测定浸提液的电导率 C_1。再将浸提液于沸水浴中煮沸 20 min，冷却后，补充水分到原刻度，再测定浸提液的电导率（C_0），重复 3 次。

$$相对渗透率 = C_1 / C_0 \times 100\%$$

2.1.4.3 还原糖含量测定

采用 3,5 二硝基水杨酸法测定还原糖。取 1.5 g 猴头菇鲜样，加入 7 mL 蒸馏水研磨至匀浆后全部转移离心管中，10000 离心 15 min，稀释后吸取 2 mL 上清液加入试管中，并加入 DNS 2 mL，沸水浴 10 min，待冷却后在 540 nm 下以 2 mL

蒸馏水和 2 mL DNS 为空白,测定吸光度。还原糖含量计算方法如下:

$$还原糖含量(\%)=(计算出的糖含量\times提取液总体积)/$$
$$(测定用样品液体积\times样品体积)\times100\%$$

2.1.4.4　丙二醛(MDA)含量测定

采用硫代巴比妥酸(TCA)比色法测定。取 5 个新鲜猴头菇打碎,充分混匀后从中取 1.0 g 猴头菇样品,加入 5 mL 100 g/L TCA 溶液,冰浴研磨匀浆后,4℃下 10000 离心 25 min,取 2 mL 上清液,加入 2 mL 0.67% TBA 充分混匀后,在沸水浴中放置 20 min,取出冷却后,上清液分别于 600 nm、450 nm 和 532 nm 处测吸光值,重复 3 次,参比用 2 mL 100 g/L TCA 代替提取液。

$$丙二醛含量(nmol \cdot g^{-1}FW)=c(nmol \cdot g^{-1}FW)=$$
$$\left[6.45\times(OD_{532}-OD_{600})-0.56\times OD_{450}\right]\times V\times(W\times V_S)^{-1}$$

式中:

C——反应混合液中丙二醛浓度,$nmol \cdot g^{-1}FW$;

V——提取液体积,mL;

V_s——测定时取样品提取液体积,mL;

W——植物组织鲜重,g。

2.1.4.5　超氧阴离子自由基($O^{2-} \cdot$)含量测定

参照周祖富等的测定方法。随机取 5 个猴头菇切碎混合均匀后取鲜样 2 g 放于研钵中,冰浴条件下加入 8 mL 50 mmol/L(pH7.8)PBS 充分研磨成匀浆,于 10000 离心 25 min。取 0.5 mL 上清液(对照样加 0.5 mL 蒸馏水),加入 5 mL pH 7.8 的 PBS,再加入 1 mL 1 mmol/L 羟胺氯化物,充分混合后,置于 25℃水浴锅中恒温 1 h 后,加入 1 mL 17 mmol/L 对氨基苯磺酸和 1 mL 7 mmol/L α-萘胺,再将其置于 25℃恒温中保温 20 min,在 530 nm 处测吸光值。以 NaNO₂ 为标准,由测定的 A_{530} 计算 NO_2^- 含量,再由 $NO_2^- \times 2$ 则得$[O^{2-} \cdot]$含量。

$$O^{2-} \cdot 含量(nmol \cdot g^{-1})=2C \cdot V_T \cdot (V \cdot FW)^{-1}$$

式中:V_T——提取液总量,mL;

C——标准曲线查得 NO_2^-,nmol;

FW——样品鲜重,g;

V——测定时提取液用量,mL。

2.1.4.6　酶活性测定

过氧化物酶(POD)活性测定:从 10 个猴头菇中取 2 g 鲜样,加入 2 mL 50 mmol/L pH7.8 PBS(含 5 mmol/L DTT,5%PVP)冰浴研磨,并用 3 mL 该缓冲

液洗涤研钵,4℃下 12000 离心 20 min,上清液即为粗酶液。反应体系参照刘萍的方法,向试管中依次加入 25 mmol/L 愈创木酚 3 mL、酶提取液 0.5 mL、0.5 mol/L H_2O_2 溶液 200L,迅速混匀并测定记录其在 470 nm 处的吸光值,用加热煮沸 5 min 的酶液为对照。以每分钟 A_{470} 变化 0.01 为一个过氧化物酶活性单位,用 $U \cdot g^{-1}FW$ 表示。

过氧化氢酶(CAT) 活性测定:参照曹建康等的方法,将新鲜猴头菇打碎后充分混匀,准确称取 2 g 样品于研钵,在冰浴条件下加入 6 mL 50 mmol/L pH 7.8 磷酸缓冲溶液并研磨成匀浆后,于 4℃ 15000 离心 20 min,上清液即为粗酶液。反应体系:0.2 mL 粗酶液+1 mL 蒸馏水+1.5 mL pH7.8 磷酸缓冲液+0.3 mL 的 0.1 mol/L H_2O_2(加热煮沸 1 min 的酶液为对照),反应体系加完后立即计时,并迅速倒入比色皿中。波长 240 nm 下测吸光值,每分钟读取 1 次,测定 5 次。以 1 min 内 A_{240} 减少 0.01 酶量为 1 个酶活性单位,用 $U \cdot g^{-1}FW$ 表示。

超氧化物歧化酶(SOD) 活性测定方法:参照王晶英等的方法进行测定,酶提取同 CAT。反应体系为 0.3 mL 核黄素+0.3 mL 甲硫氨酸+1.5 mL 0.05 mol/L PBS (pH7.8)+0.3 mL 乙二胺四乙酸钠+0.05 mL 酶提取液+蒸馏水 0.25 mL(用蒸馏水为对照)。混匀后,将对照管置阴暗处,其它各管置于 4000 lux 日光灯下反应 20 min。于 560 nm 处测定吸光度值,以抑制 NBT 光化还原的 50% 为 1 个酶活力单位。

$$SOD 总活性(U \cdot g^{-1}FW) = (A_2 - A_1) \cdot (0.5 A_2 \cdot FW \cdot V_2)^{-1} V_1$$

式中:A_1——样品管的光吸收值;

A_2——对照管的光吸收值;

V_1——样液总体积,mL;

FW——样品鲜重,g;

V_2——测定时样品体积,mL。

2.1.4.7 总酚含量测定

参照陈昆松的方法进行测定。随机取出 5 个猴头菇,用组织匀浆机进行打浆,取匀浆样 2.5 g,加入少量 1% HCl 的甲醇溶液,冰浴研磨成匀浆,用含 1% HCl 的甲醇溶液洗涤研钵,冲洗液转移 20 mL 试管中,摇匀,放入冰箱静置 24 h,过滤,适当稀释后,以含 1%HCl 的甲醇溶液为对照,280 nm 处测定吸光值。以没食子酸做标准曲线计算总酚含量。

2.1.4.8 多酚氧化酶(PPO)活性测定

随机取出 5 个猴头菇,用组织匀浆机进行打浆,取匀浆样 15 g,加入 2 mL 预冷的 0.05 mol/L 磷酸缓冲液(PBS,含 1% PVPP,pH7.8),冰浴研磨至匀浆,取

5.0 mL PBS,清洗研钵,将洗液收集到 10.0 mL 离心管中;以 410000 低温离心 15 min,收集上清液,于 4℃下冷藏备用(即为 PPO 粗酶液)。

参考王健等及 Zauberman. G 的 PPO 活性测定方法。准确量取 PBS 2 mL 于具塞试管中,加入新配置的 0.04 mol/L $C_6H_6O_{22}$ 溶液 2 mL,于 30℃水浴下保温 5 min 后,迅速加入 0.5 mL PPO 粗酶液,410 nm 处测定吸光值(A),5 min 内每隔 10 s 记录 1 次。空白对照以 PBS 代替酶液。$\triangle A_{410}$nm/min $=\triangle A$ 样/min$-\triangle A$ 空白/min。酶活性以每分钟变化 0.01 光密度(OD)值为一个 PPO 酶活性单位,用 $U \cdot g^{-1}$ FW 表示。重复测定 3 次,取其平均值。

2.2　结果与分析

2.2.1　猴头菇表面微生物对褐变的影响

将新鲜猴头菇于 27℃下培养 72h 后,从表面分离出霉菌斑和细菌斑,将霉菌和细菌接种到已灭菌的新鲜猴头菇表面,培养一定时间后猴头菇表面的褐变情况见图 2-1。接种霉菌后的菌斑可见明显的霉菌菌丝生长,并伴有棕褐色汁液外渗,仅菌斑周围有菌丝生产,其他部分无颜色异常、无明显霉菌菌丝生长。接细菌后的猴头菇出现异常气味,接菌处表面变黑,有黑色汁液外渗。对照组在相同条件下培养,虽出现色泽黄变,但无明显汁液外渗现象。猴头菇采后其生理活动仍在进行,自身对微生物有一定的抵御作用,但接菌后的猴头菇则出现了典型的褐变现象,说明微生物可加速猴头菇的褐变进程。

图 2-1　新鲜猴头菇接菌霉菌和细菌后的菌斑及现象图

表 2-1　猴头菇于 12℃下存放 7 的褐变度测定值

重复	褐变度		
	对照组	细菌接种	霉菌接种
1	6.081	6.223	6.118

续表

重复	褐变度		
	对照组	细菌接种	霉菌接种
2	6.119	6.289	6.159
3	6.108	6.220	6.172
平均值	6.103	6.244	6.149

从表2-1可以看出,接种细菌和霉菌后的猴头菇在12℃下存放7 d后的褐变度与未接种的对照组相比,褐变度均略有升高,但变化幅度较小,说明微生物不是引起猴头菇褐变的直接原因。

2.2.2 贮藏期间猴头菇自身新陈代谢反应对褐变的影响

2.2.2.1 贮藏期间猴头菇褐变度的变化情况

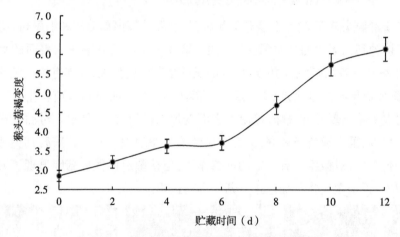

图2-2　猴头菇贮藏期间的褐变度变化情况

从图2-2可以看出,猴头菇采后两天就开始褐变,6 d内褐变度变化较小,6 d后褐变度急剧增加。在褐变的同时,猴头菇的水分开始外渗,6 d后水分外渗逐渐严重,在容器底部出现明显水分。10 d后猴头菇的外表已失去应有状态,腐败变质已较严重,表面湿润,基本失去食用价值。猴头菇的褐变与其自身新陈代谢的速度有关,自身新陈代谢导致营养物质损耗,生理生化反应出现异常,进而逐步加速褐变和腐败变质的进程。

2.2.2.2 贮藏过程中猴头菇细胞膜透性的变化情况

猴头菇的原生质膜能够帮助菇体细胞阻抗外界不良环境的影响,维持自身内环境的稳定性,确保自身新陈代谢的正常进行,一旦原生质膜的结构发生改变,猴头菇的自身生理生化反应就会发生异常,从而加速腐败变质。随着贮藏时间的延长,猴头菇细胞膜结构逐步被破坏,细胞膜透性逐渐增加,胞内电解质外渗越来越严重,导致其电导率增大。通过测定猴头菇电导率可以判断细胞膜透性程度。猴头菇在12℃下贮藏,猴头菇细胞膜透性的变化情况见图2-3。

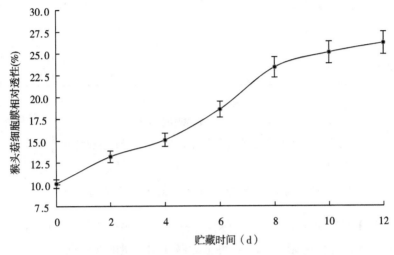

图2-3 12℃下贮藏期间猴头菇细胞膜的相对透性情况

从图2-3可以看出,随着贮藏时间的延长,猴头菇细胞膜的透性逐渐增加,贮藏达到10 d后猴头菇细胞膜透性的增加幅度减小。猴头菇细胞膜透性的改变与自身酶系的变化、营养物质的分解密切相关。结合贮藏期间猴头菇褐变度的变化情况,说明猴头菇褐变度与细胞膜透性密切相关,猴头菇细胞膜的破坏与猴头菇的褐变有一定关系。

2.2.2.3 贮藏期间猴头菇还原糖含量的变化情况

猴头菇在贮藏期间,随着贮藏时间的延长,其还原糖含量也出现一定的变化,见图2-4。

猴头菇在12℃贮藏期间,随着贮藏时间的延长,其还原糖含量的变化呈先升高后降低的趋势,在第4 d左右还原糖含量达到最高峰。猴头菇的新陈代谢会消耗自身糖分,采后初期生理生化变化导致碳水化合物降解为还原糖,之后随着代谢的需要,还原糖被逐步利用导致还原糖含量逐渐下降,贮藏第12 d时还原糖含量已基本达到贮藏初期水平,这说明还原糖含量变化与猴头菇褐变之间的关系不密切。

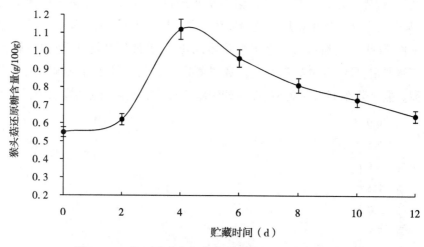

图2-4　12℃下贮藏期间猴头菇还原糖含量的变化情况

2.2.2.4　贮藏期间含量变化与猴头菇褐变的关系

猴头菇在贮藏期间由于自身新陈代谢的需要会导致营养物质的消耗含量也会随之发生变化。猴头菇在12℃条件下贮藏期间含量的变化见图2-5。

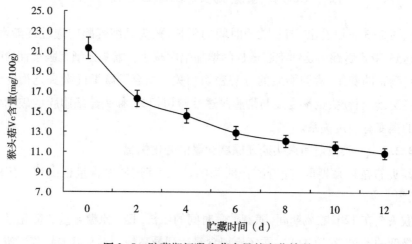

图2-5　贮藏期间猴头菇含量的变化情况

猴头菇中的含量随着贮藏时间的延长呈现下降趋势,前4 d的下降幅度较大,之后趋于平稳,变化幅度较小。猴头菇的褐变随时间的延长而加剧,细胞膜透性也随增大,而含量却变化较小,可见猴头菇的含量与其褐变之间无相关性。

2.2.2.5　贮藏期间丙二醛含量变化与猴头菇褐变的关系

丙二醛(MDA)是体内膜脂过氧化的终产物之一,其活性高低可以作为考察细胞受到胁迫的严重程度,活性越高说明细胞受到的损伤越大。猴头菇在12℃条件下贮藏期间丙二醛含量的变化见图2-6。

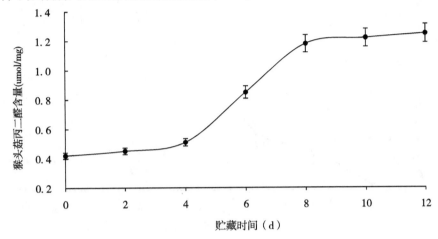

图2-6　贮藏期间猴头菇丙二醛含量的变化情况

猴头菇贮藏期间丙二醛含量在前4 d的变化幅度较小,4~10 d间丙二醛含量显著上升,10 d后丙二醛含量趋于稳定。结合猴头菇的褐变情况和细胞膜透性的变化情况,褐变在贮藏4 d后逐步加剧;细胞膜透性在贮藏期间逐步增强,在10 d后趋于稳定。猴头菇细胞膜遭到破坏导致猴头菇的腐败变质加剧,而这也恰好可用丙二醛含量的变化来表征,丙二醛含量越高说明猴头菇的褐变严重。

2.2.2.6　贮藏期间超氧阴离子自由基含量与猴头菇褐变的关系

生物体在氧化代谢的过程中会产生大量的活性氧自由基,它们具有很强的氧化能力,可以使生物体生物膜的结构及功能受到损伤,引起核酸及蛋白质变性等,从而对细胞及组织产生多种生物学效应。超氧阴离子自由基是活性氧自由基的一种,无论在生物体内还是体外,它都具有多种产生途径。生理量的超氧阴离子具有独特的生理功能,而当其处于非平衡浓度时则会导致组织损伤。超氧阴离子自由基(O_2^-·)是分子氧单电子还原产生的阴离子自由基,是生物体中生成的第一个氧自由基。超氧阴离子在细胞信号转导、氧感应和炎症反应中具有重要作用,有时可以作为胞内的信号分子;超氧阴离子又是导致自由基连锁反应的启动者,能经过一系列反应转化生成 H_2O_2、羟自由基(·OH)、单线态氧($^1O_2$)

等其的氧自由基,在生理环境中又是一种毒性因子,可引起多种疾病。猴头菇在贮藏期间超氧阴离子含量的变化情况见图 2-7。

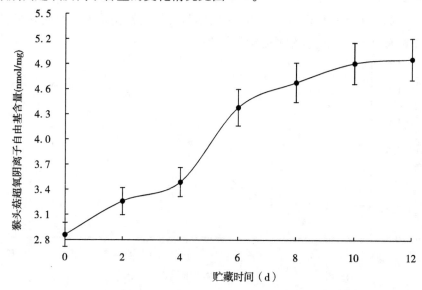

图 2-7　贮藏期间猴头菇超氧阴离子自由基含量的变化情况

猴头菇在 12℃ 条件下贮藏期间,其内部的超氧阴离子自由基含量随贮藏时间的延长呈现逐步上升的趋势。前 4 d 含量的幅度较小,48 d 升高的幅度较大,8 d 后上升的幅度很小。超氧阴离子自由基含量可用来判断猴头菇细胞受到损伤的程度,其含量的高低可用来判断自身褐变的程度,含量越高则褐变程度越严重。

2.2.2.7　贮藏期间多酚氧化酶活性与猴头菇褐变的关系

多酚氧化酶(PPO)是自然界中分布极广的一种金属蛋白酶,普遍存在于植物、真菌和昆虫体内,天然状态下无活性,但机体受到损伤后 PPO 被活化,从而表现出活性,可催化多酚氧化为醌,醌聚合后再与细胞内的氨基酸反应产生黑色素沉淀。猴头菇在贮藏期间,其内部的 PPO 酶活性变化情况见图 2-8。

从图 2-8 可知,猴头菇在 12℃ 条件下贮藏期间,其内部的 PPO 酶活性随贮藏时间的延长呈现先升高后降低的趋势,采摘后 PPO 酶活性即开始上升,8 d 左右达到最高峰,其后一直处于高活性状态,直至猴头菇彻底败坏。PPO 酶活性越高,催化多酚类底物发生褐变反应的速度越快,猴头菇的褐变则严重。PPO 酶是导致猴头菇褐变的一个重要因素。

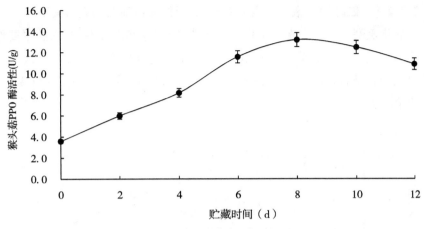

图 2-8　贮藏期间猴头菇 PPO 酶活性的变化情况

2.2.2.8　贮藏期间总酚含量与猴头菇褐变的关系

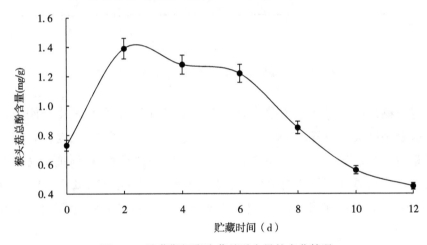

图 2-9　贮藏期间猴头菇总酚含量的变化情况

从图 2-9 可以看出,猴头菇采后 2 d 时总酚含量达到最大,之后就开始下降,贮藏 6 d 后开始快速下降,10 d 时其含量已低于刚采收时的水平。猴头菇多酚是其在生产后期或采摘后不正常代谢条件下产生的次生代谢产物,对抑制机体的氧化酶活性、抵御不良环境因素具有重要作用。但多酚也是猴头菇发生酶促褐变的重要底物,其活性越高则褐变也越严重。猴头菇采摘后,由于离开外界供给营养,开始消耗自身营养,新陈代谢开始异常,故采摘后多酚含量快速上升。随着多酚含量的升高,猴头菇的褐变也随之加重,多酚不断被消耗,故其含量开始下降。猴头菇的多酚含量与其褐变有密切关系。

2.2.2.9 贮藏期间猴头菇内的 CAT 酶活性与猴头菇褐变的关系

过氧化氢酶(CAT)存在于植物的叶绿体、线粒体和内质网中,它的主要作用是催化 H_2O_2 分解为 H_2O 与 O_2,H_2O_2 与 O_2 在铁螯合物作用下反应生成非常有害的 OH,为机体提供抗氧化防御作用。猴头菇在贮藏期间,其内部的 CAT 酶活性变化情况见图 2-10。

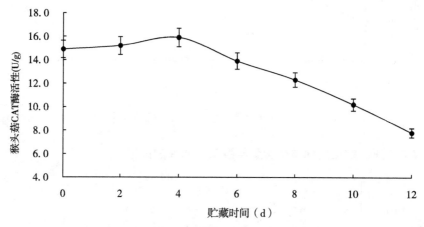

图 2-10 贮藏期间猴头菇 CAT 酶活性的变化情况

猴头菇内的 CAT 酶活性在贮藏的前 4 d 略有升高,可能是由于刚采收后的猴头菇细胞膜较完整,自身对外界不良因素的抵御能力较强,自身新陈代谢正常进行,酶系统的整体活性较高。随着贮藏时间的延长,机体抗不良环境因素能力持续减弱,进而 CAT 酶活性也逐渐减小,表现在贮藏 4 d 后 CAT 酶活性显著下降。由于 CAT 酶活性的下降,猴头菇的腐败变质加速,进而褐变也开始加速进行。

2.2.2.10 贮藏期间猴头菇内的 SOD 酶活性与猴头菇褐变的关系

超氧化歧化酶(SOD)是机体内广泛存在的有益酶,可清除正常新陈代谢产生的有害 O_2^-,但当机体受到损伤后会激发 SOD 的活性,使之活性明显增强。SOD 活性的异常升高也是考察机体是否氧化应激的指标之一。猴头菇在贮藏期间,其内部的 SOD 酶活性变化情况见图 2-11。

从图 2-11 可以看出,猴头菇 SOD 酶活性随贮藏时间的延长呈现先升高后降低的趋势,贮藏的前 8 d 猴头菇 SOD 酶活性随贮藏时间的延长而升高,810 d 期间 SOD 酶活性显著下降,10 d 后趋势平稳。这可能是由于随着贮藏时间的延长,活性氧不断积累,导致 SOD 活性逐渐上升;其后 SOD 活性出现大幅下降,说

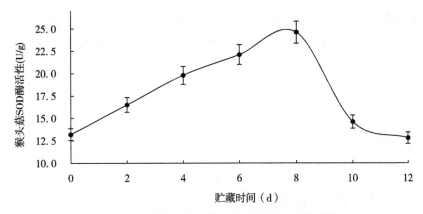

图 2-11　贮藏期间猴头菇 SOD 酶活性的变化情况

明 SOD 清除活性氧的能力下降,导致细胞内活性氧自由基增多,氧化加剧,使猴头菇贮藏一定时间后褐变严重。

2.2.2.11　贮藏期间猴头菇内的 POD 酶活性与猴头菇褐变的关系

过氧化物酶(POD)广泛存在于植物体中,是活性较高的一种酶。它与呼吸作用、光合作用及生长素的氧化等都有关系。在植物生长发育过程中它的活性不断发生变化。一般老化组织中活性较高,幼嫩组织中活性较弱。这是因为过氧化物酶能使组织中所含的某些碳水化合物转化成木质素,增加木质化程度,而且发现早衰减产的水稻根系中过氧化物酶的活性增加,所以过氧化物酶可作为组织老化的一种生理指标。猴头菇在贮藏期间,其内部的 POD 酶活性变化情况见图 2-12。

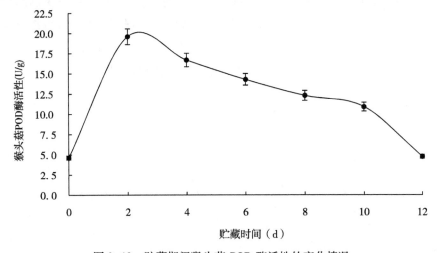

图 2-12　贮藏期间猴头菇 POD 酶活性的变化情况

采后猴头菇内 POD 酶活性急剧上升,在第 2 d 时达到最大值 19.58 U/g,之后随贮藏时间的延长而下降,10 d 后急剧下降至刚采摘后的水平。猴头菇的褐变在贮藏 2 d 后即开始,然而随着褐变的加剧 POD 酶活性却逐渐减小至正常水平,说明 POD 酶不是导致猴头菇褐变的主要因素。

2.3 本章结论

2.3.1 猴头菇褐变的原因分析

猴头菇在低温贮藏期间,随着贮藏时间的延长,猴头菇表面出现褐色斑块,褐色斑块面积逐渐增大,颜色加深,贮藏一定时间后出现臭味及黑色汁液。猴头菇表面的微生物可加速猴头菇的败坏,但与猴头菇的褐变无直接关系,猴头菇褐变的主要原因是酶促褐变。

2.3.2 褐变与酶的关系

贮藏期间,猴头菇细胞膜透性的提高可加速猴头菇褐变,促进猴头菇的衰老。猴头菇 SOD 酶清除活性氧能力的下降和 CAT 活性的下降,使 H_2O_2 和活性氧自由基不断积累,破坏了细胞膜结构的完整性,导致 POD、PPO 与酚类物质发生反应而形成褐色物质。POD 和 CAT 不是催化猴头菇酚类物质氧化褐变的主要酶,对抑制褐变有积极作用。

贮藏期间,随着猴头菇的 PPO 活性上升,总酚含量快速减少,猴头菇的褐变度快速上升。在整个褐变的高峰期(贮藏 4 d 后),猴头菇 PPO 酶活力都处在较高水平,这与猴头菇在褐变高峰期间的总酚含量和褐变度的变化趋势相一致,说明 PPO 在猴头菇褐变中起着催化酚类物质氧化的重要作用。

第 3 章　猴头菇最适贮藏温度研究

温度对食用菌的贮藏时间影响非常重要,直接影响猴头菇的新陈代谢速度,影响营养物质的消耗速度,进而影响褐变的进程。研究猴头菇的适宜贮藏温度对延长猴头菇的贮藏期,最大限度保持较好的品质具有重要意义。

3.1　材料与方法

3.1.1　试验材料

猴头菇(吉林省吉林市桦甸村培育)由吉林市农户提供。采收后立即运回通化师范学院食品工程实验室。选取菇体完整、无病虫害、色泽均匀、大小相近、无机械损伤的猴头菇用于试验。

3.1.2　主要仪器与设备

XZD-150 真空预冷机,山东鑫正达机械制造有限公司;T6 紫外可见分光光度计,北京普析通用仪器有限责任公司;UV-2600 紫外可见分光光度计,SHIMADZU CORPORATION;HH-S 数显恒温水浴锅,上海博讯实业有限公司医疗设备厂;KQ-2200E 型超声波清洗器,昆山市超声仪器有限公司;ThermoFisher 高速冷冻离心机,赛默飞世尔科技(中国)有限公司;FA1604A 电子分析天平,上海精天电子仪器有限公司;TDL-5-A 台式离心机,上海安亭科学仪器厂;MP21001 电子称,上海恒平科学仪器有限公司;DHG-9245A 电热恒温鼓风干燥箱,上海一恒科科学仪器有限公司;BCD-575WDBI 冰箱,海尔集团;RT300 便携式表面色度计,英国 Lovibond;DDS-11D 电导率仪,北京华瑞博远科技发展有限公司。

3.1.3　试验方法

将新鲜猴头菇置入真空预冷机中快速冷却至相应的贮藏温度,然后分装入塑料透气盒内,每盒 2~3 个,分别于 1℃、3℃、5℃、7℃下贮藏 12 d 以上,每个贮藏温度下存放 24 盒,每两天取出两盒进行检验指标测定。

3.1.4 检测指标与方法

3.1.4.1 呼吸强度测定

准确量取 25 mL 0.4 mol/L NaOH 置入培养皿中,将培养皿水平放置于可密闭的干燥器底部,放入猴头菇,封盖。静置 1.5h 后,取出培养皿,将碱液移入锥形瓶中,用蒸馏水洗涤 4~5 次,加入 5 mL 饱和 $BaCl_2$ 及 2 滴酚酞显色。用 0.2 mol/L 草酸滴定,记录草酸用量。依据呼吸强度公式计算猴头菇呼吸强度。

$$呼吸强度(CO_2)mg/(kg \cdot h) = (V_1 - V_2) \cdot N \times 22/t \cdot W$$

式中:W——样品重量,kg;

N——草酸浓度,$mol \cdot L^{-1}$;

T——测定时间,h;

V_1、V_2——草酸用量,mL。

3.1.4.2 猴头菇白度测定

取猴头菇样品切成 1cm 的立方体,用 RT300 便携式色度计对猴头菇的内部色泽进行测定。测定前用标准白板进行校正,每个样品进行三次重复试验,测定猴头菇的色差(L^*、a^*、b^*值)以 W 表示白度。

$$计算公式:W = 100 - [(100 - L^*)^2 + (a^*)^2 + (b^*)^2]^2$$

式中:L^*——亮度;

a^*——正值为偏红,负值为偏黄;

b^*——正值为偏黄,负值为偏蓝。

3.1.4.3 猴头菇还原糖含量测定

采用 3,5-二硝基水杨酸法测定还原糖。取 1.5 g 猴头菇鲜样,加入 7 mL 蒸馏水研磨至匀浆后全部转移到离心管中,10000 离心 15 min,稀释后吸取 2 mL 上清液加入试管中,并加入 DNS 2 mL,沸水浴 10 min,待冷却后在 540 nm 下以 2 mL 蒸馏水和 2 mL DNS 为空白,测定吸光度。还原糖含量计算方法如下:

$$还原糖含量(\%) = (计算出的糖含量 \times 提取液总体积)/$$
$$(测定用样品液体积 \times 样品体积) \times 100\%$$

3.1.4.4 猴头菇丙二醛(MDA)含量测定

采用硫代巴比妥酸(TCA)比色法测定。取 5 个新鲜猴头菇打碎,充分混匀后从中取 1.0 g 猴头菇样品,加入 5 mL 100 g/L TCA 溶液,冰浴研磨匀浆后,4℃

下 10000 离心 25 min,取 2 mL 上清液,加入 2 mL 0.67% TBA 充分混匀后,在沸水浴中放置 20 min,取出冷却后,上清液分别于 600 nm、450 nm 和 532 nm 处测吸光值,重复 3 次,参比用 2 mL 100 g/L TCA 代替提取液。

$$丙二醛含量(nmol \cdot g^{-1}FW) = c(nmol \cdot g^{-1}FW)$$
$$= \left[6.45 \times (OD_{532} - OD_{600}) - 0.56 \times OD_{450} \right] \times V \times (W \times V_s)^{-1}$$

式中:C——反应混合液中丙二醛浓度,$nmol \cdot g^{-1}FW$;

　　　V——提取液体积,mL;

　　　V_s——测定时取样品提取液体积,mL;

　　　W——植物组织鲜重,g。

3.1.4.5　猴头菇总酚含量测定

随机取出 5 个猴头菇,用组织匀浆机进行打浆,取匀浆样 2.5 g,加入少量 1% HCl 的甲醇溶液,冰浴研磨成匀浆,用含 1% HCl 的甲醇溶液洗涤研钵,冲洗液转移到 20 mL 试管中,摇匀,放入冰箱静置 24h,过滤,适当稀释后,以含 1%HCl 的甲醇溶液为对照,280 nm 处测定吸光值。以没食子酸做标准曲线计算总酚含量。

3.1.4.6　猴头菇多酚氧化酶(PPO)活性测定

取 5 个猴头菇,用组织匀浆机进行打浆,取匀浆样 15 g,加入 2 mL 预冷的 0.05 mol/L 磷酸缓冲液(PBS,含 1% PVPP,pH7.8),冰浴研磨至匀浆,取 5.0 mL PBS,清洗研钵,将洗液收集到 10.0 mL 离心管中;以 410000 低温离心 15 min,收集上清液,于 4℃下冷藏备用(即为 PPO 粗酶液)。

准确量取 PBS 溶液 2 mL 于具塞试管中,加入新配置的 0.04 mol/L $C_6H_6O_{22}$ 溶液 2 mL,于 30℃水浴下保温 5 min 后,迅速加入 0.5 mL PPO 粗酶液,410 nm 处测定吸光值(A),5 min 内每隔 10 s 记录 1 次。空白对照以 PBS 代替酶液。$\triangle A_{410}nm/min = \triangle A$ 样/min $- \triangle A$ 空白/min。酶活性以每分钟变化 0.01 光密度(OD)值为一个 PPO 酶活性单位,用 $U \cdot g^{-1}FW$ 表示。重复测定 3 次,取其平均值。

3.2　结果与分析

3.2.1　贮藏温度对猴头菇呼吸强度的影响

呼吸作用是生物体内的有机物通过氧化还原反应产生 CO_2,同时释放能量的过程,是生物有机体新陈代谢的一个重要组成部分。呼吸强度是表示植物呼吸作用强弱的重要指标,对于采摘后的植物,呼吸强度变化幅度越大,其褐变及腐败变质的速度越快。猴头菇在不同温度下贮藏的呼吸强度变化情况见图3-1。

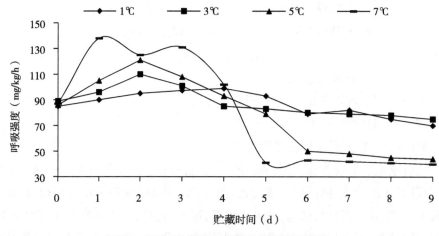

图3-1 不同贮藏温度下猴头菇的呼吸强度

从图3-1可以看出,不同贮藏温度下猴头菇的呼吸强度变化较大,贮藏温度越高,则呼吸强度的变化幅度越大。在7℃下贮藏,猴头菇的呼吸高峰为138 mg/kg/h,在贮藏第1 d就出现呼吸高峰;呼吸强度的最小值为40 mg/kg/h;峰差98。在5℃下贮藏,猴头菇的呼吸高峰为121 mg/kg/h,贮藏第2 d出现呼吸高峰;呼吸强度的最小值为44 mg/kg/h,峰差77。在3℃下贮藏,猴头菇的呼吸高峰为110 mg/kg/h,贮藏第2 d出现呼吸高峰;呼吸强度的最小值为75 mg/kg/h,峰差35。在1℃下贮藏,猴头菇的呼吸高峰为99 mg/kg/h,贮藏第4 d出现呼吸高峰;呼吸强度的最小值为70 mg/kg/h,峰差29。可见,猴头菇于1℃下贮藏时呼吸强度变化最小,呼吸高峰出现得最迟,最有利于贮藏。

3.2.2 贮藏温度对猴头菇褐变度的影响

猴头菇褐变是一种特殊的酶促反应,其发生的速度与温度有密切关系。猴头菇于不同温度下贮藏时其褐变度的变化情况见图3-2。

图3-2表明,各贮藏温度下,猴头菇的褐变度均随贮藏时间的延长呈上升趋势,且贮藏温度越高,上升速率越快。在7℃下贮藏,猴头菇在第4 d时褐变度已超过刚采摘时的2倍,第8 d时已达到严重褐变的程度,猴头菇组织已出现软烂。在5℃下贮藏,猴头菇在第8 d时褐变达到最大程度,组织也开始软烂,但程度要

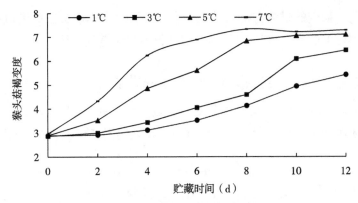

图 3-2　不同贮藏温度条件下猴头菇褐变度的变化情况

轻于在 7℃下贮藏的情况。在 3℃下贮藏,猴头菇的褐变度在贮藏期内一直升高,第 12 d 时才达到 7℃下贮藏时第 4 的水平。情况最好的是在 1℃条件下贮藏,猴头菇的褐变度始终处于较低水平,第 8 d 时其褐变度还未达到初始值的两倍水平。可见,贮藏温度越低,猴头菇的褐变程度也越低,低温可有效延缓猴头菇的褐变。

3.2.3　贮藏温度对猴头菇内部白度的影响

白度是判断猴头菇贮藏期间色泽变化的重要指标,白度值越大,表示猴头菇菇体颜色越白,褐变越少,反之则多。猴头菇贮藏情况内部白度的变化情况见图 3-3。由于猴头菇褐变度随着贮藏时间的延长而不断增大,故猴头菇白度在贮藏期内呈下降趋势。相同贮藏时间的情况下,贮藏温度越高白度值则越小。可见

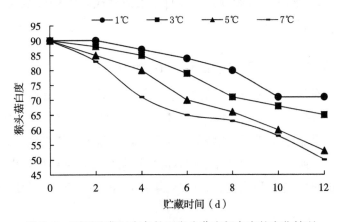

图 3-3　不同贮藏温度条件下猴头菇内部白度的变化情况

白度的变化与褐变的进程有密切关系。在1℃下贮藏的猴头菇白度值始终高于其他贮藏温度下的水平,说明1℃能较好地保持猴头菇的色泽。

3.2.4 贮藏温度对猴头菇丙二醛含量的影响

猴头菇丙二醛(MDA)是猴头菇内膜脂过氧化的终产物,其含量越高说明猴头菇的变质越严重。猴头菇在不同温度下贮藏期间丙二醛含量的变化见图3-4。

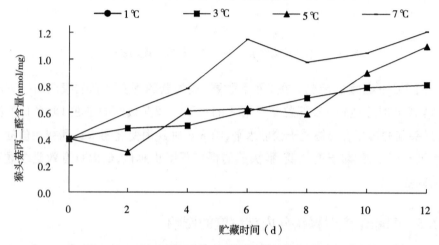

图 3-4　不同贮藏温度条件下猴头菇 MDA 含量的变化

在各贮藏温度下,猴头菇的 MDA 含量均随贮藏时间的延长呈上升趋势,贮藏温度越高,MDA 含量值也越高。7℃条件下贮藏的猴头菇,其 MDA 含量明显高于其它温度组的 MDA 含量,而1℃条件下贮藏时猴头菇 MDA 含量变化幅度是最小的,且始终处于较低水平。

3.2.5 贮藏温度对猴头菇总酚含量的影响

贮藏温度对猴头菇总酚含量的影响如图 3-5 所示。随着贮藏时间的延长,猴头菇总酚含量整体呈先上升后下降趋势。贮藏温度不同猴头菇总酚最高值出现的时间差异明显。在 7℃下贮藏的猴头菇总酚含量最高值出现的时间最早,在贮藏 2 d 时即达到最大值;在 1℃下贮藏的猴头菇总酚含量最高值出现的时间最晚,在第 10 d 时才达到最大值,且 1℃贮藏条件下猴头菇总酚含量变化趋势较平缓。

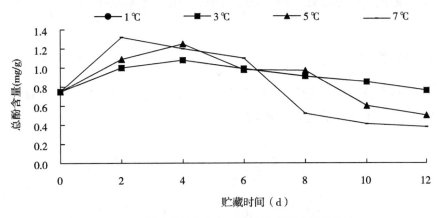

图 3-5　不同贮藏温度条件下猴头菇总酚含量的变化

3.2.6　贮藏温度对猴头菇 PPO 酶活性的影响

多酚氧化酶(PPO)是促进猴头菇褐变的一种重要酶,其活性越高猴头菇褐变的速度越快,腐烂的速度也越快。猴头菇在不同温度下贮藏期间,其内部的 PPO 酶活性变化情况见图 3-6。

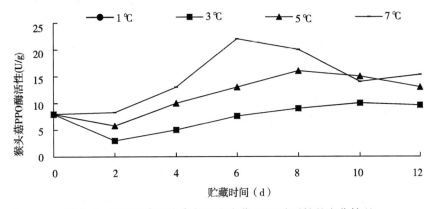

图 3-6　不同贮藏温度条件下猴头菇 PPO 酶活性的变化情况

从图 3-6 可以看出,各贮藏温度下,随着贮藏时间的延长猴头菇的 PPO 活性均呈上升趋势。7℃条件下贮藏时猴头菇的 PPO 酶活性始终处于较高水平,在第 6 d 时达到最大值,是贮藏初期的 3 倍。5℃下贮藏时猴头菇 PPO 酶活性在第 8 d 时达到最大值;而 1℃和 3℃下贮藏时猴头菇 PPO 酶活性均在第 12 d 时才达到相对最大值,且 1℃条件下贮藏的猴头菇 PPO 酶活性始终处于最低水平。

可见,1℃贮藏对维持猴头菇 PPO 酶活性处于较低水平是最有利的。

3.3　本章结论

低温可有效抑制猴头菇的呼吸强度、减缓褐变的发生、抑制 MDA 含量,降低 PPO 酶活性。猴头菇的适宜贮藏温度为 1℃。

第4章 猴头菇的保鲜方法研究

猴头菇又名刺猬菌、猴头菌等,是一种著名的药食两用食用菌。这种多孔菌目、齿菌科的菌类作物,子实体圆而厚,新鲜时菇体呈白色,干后由浅黄至浅褐色,常生于栎、胡桃等阔叶树木及腐木上。猴头菇不仅味道鲜美,营养丰富,还含有多种矿物质、脂肪酸、维生素等营养成分,具有增强免疫力、降血脂、抗衰老等保健功效。随着猴头菇的营养价值及保健功效逐渐被认可,市场上对新鲜猴头菇的需求量不断上升,但猴头菇采后营养物质消耗迅速,常温下贮藏两天品质就开始劣变,其商业和营养价值受到较大影响,因此,研究猴头菇贮藏保鲜方法具有重要意义。

4.1 材料与方法

4.1.1 试验材料

猴头菇,购买于吉林省吉林市;焦亚硫酸钠;氯化钙、氯化钠、氯化钾、氢氧化钠、磷酸氢二钠、磷酸二氢钾、苯甲酸钠、盐酸、甲醇、邻苯二酚、没食子酸、三氯乙酸、卡拉胶、魔芋胶、丙三醇,均为分析纯;2-硫代巴比妥酸;丁酰肼;蔗糖酯;山梨酸钾,食品级,市售;去离子水,现制。

4.1.2 主要仪器与设备

CT3 Texture Analyzer 质构仪,美国博勒飞公司;T6 型紫外可见分光光度计,北京普析通用仪器有限责任公司;UV-2600 紫外可见分光光度计,SHIMADZU CORPORATION;HH-S 型数显恒温水浴锅,上海博讯实业有限公司医疗设备厂;KQ-2200E 型超声波清洗器,昆山市超声仪器有限公司;ThermoFisher 高速冷冻离心机,赛默飞世尔科技(中国)有限公司;FA1604A 电子分析天平,上海精天电子仪器有限公司;TDL-5-A 台式离心机,上海安亭科学仪器厂;DZ-280/2SD 真空包装机,昌瑞商业贸易有限公司;雷磁 PHS-3C 酸度计,上海仪电科学仪器股份有限公司。

4.1.3 低温贮藏猴头菇的适宜包装方法研究

选取大小均匀、形态完整的猴头菇,分别进行如下包装:①每3个1组放入规格为25 cm×18 cm 的真空包装袋中,于0.03 MPa 下真空包装,共取10组;②单个猴头菇用保鲜膜包裹,共取30个;③每3个1组放入塑料盒中,下面垫上吸水纸,共取10组;④对照组,每3个1组放入规格为25 cm×18 cm 的网袋中,扎紧袋口,共取10组。将以上4组猴头菇置入1℃的冷藏柜中存放21 d。期间,每3天取样6个猴头菇,分别进行总酚含量、多酚氧化酶活性、褐变度、丙二醛含量、硬度测定、弹力测定、色泽测定、感官评定等方面的指标分析,综合评价确定猴头菇的适宜包装方法。

4.1.4 猴头菇适宜的喷涂保鲜方法研究

(1)猴头菇经壳聚糖溶液喷涂处理后在低温保藏过程中的品质变化研究。

分别配制0.1%、0.3%、0.5%、0.7%和1.0%的壳聚糖溶液各10 L,用喷雾器在大小均匀、形态完整的猴头菇表面均匀喷洒壳聚糖溶液,再用吹风机轻吹至干,装入塑料盒,置入1℃冷藏柜中贮藏30 d。期间每3 d取6个猴头菇进行总酚含量、多酚氧化酶活性、褐变度、丙二醛含量、硬度测定、弹力测定、色泽测定、感官评定等方面的指标分析,综合评价确定品质变化情况。

(2)猴头菇经食盐溶液喷涂处理后在低温保藏过程中的品质变化研究。

分别配制0.1%、0.3%、0.5%、0.7%和1.0%的食盐溶液各10 L,用喷雾器在大小均匀、形态完整的猴头菇表面均匀喷洒食盐溶液,再用吹风机轻吹至干,装入塑料盒,置入1℃冷藏柜中贮藏30 d。期间每3 d取6个猴头菇进行总酚含量、多酚氧化酶活性、褐变度、丙二醛含量、硬度测定、弹力测定、色泽测定、感官评定等方面的指标分析,综合评价确定品质变化情况。

(3)猴头菇经柠檬酸溶液喷涂处理后在低温保藏过程中的品质变化研究。

分别配制适量的0.1%、0.3%、0.5%、0.7%和1.0%的柠檬酸溶液,用喷雾器在大小均匀、形态完整的猴头菇表面均匀喷洒柠檬酸溶液,再用吹风机轻吹至干,装入塑料盒,置入1℃冷藏柜中贮藏30 d。期间每3 d取6个猴头菇进行总酚含量、多酚氧化酶活性、褐变度、丙二醛含量、硬度测定、弹力测定、色泽测定、感官评定等方面的指标分析,综合评价确定品质变化情况。

(4)猴头菇经抗坏血酸溶液喷涂处理后在低温保藏过程中的品质变化研究。

分别配制适量的 0.1%、0.3%、0.5%、0.7% 和 1.0% 的抗坏血酸溶液,用喷雾器在大小均匀、形态完整的猴头菇表面均匀喷洒抗坏血酸溶液,再用吹风机轻吹至干,装入塑料盒,置入 1℃ 冷藏柜中贮藏 30 d。期间每 3 d 取 6 个猴头菇进行总酚含量、多酚氧化酶活性、褐变度、丙二醛含量、硬度测定、弹力测定、色泽测定、感官评定等方面的指标分析,综合评价确定品质变化情况。

(5)猴头菇经焦亚硫酸钠喷涂处理后在低温藏过程中的品质变化研究。

称取 0.1 g 焦亚硫酸钠,蒸馏水定容至 1 000 mL,配制成 0.01% 的焦亚硫酸钠水溶液(A 液)。称取 3 g 焦亚硫酸钠,蒸馏水定容至 3 000 mL,配制成 0.1% 的焦亚硫酸钠水溶液(B 液)。选取大小均匀、形态完整的猴头菇,先用 A 液淋洗猴头菇 5 min,再用 B 液浸泡 30 min,捞出沥干水分,吹干后每两个装袋后系紧袋口,置入 1℃ 冷藏柜中贮藏 30 d。期间每 3 d 取 6 个猴头菇进行总酚含量、多酚氧化酶活性、褐变度、丙二醛含量、硬度测定、弹力测定、色泽测定、感官评定等方面的指标分析,综合评价确定猴头菇经焦亚硫酸钠处理后在低温保藏过程中的品质变化情况。

(6)猴头菇经丁酰肼(B9)处理后在低温保藏过程中的品质变化研究。

称取 3 g 丁酰肼置于烧杯中,蒸馏水定容至 3 L,配制成 0.1% 的比久水溶液,将大小均匀、形态完整的猴头菇放入 0.1% 的 B9 水溶液中浸泡 10 min,捞出沥干水分,吹干后每 3 个装袋系紧袋口,置入 1℃ 冷藏柜中贮藏 30 d。期间每 3 d 取 6 个猴头菇进行总酚含量、多酚氧化酶活性、褐变度、丙二醛含量、硬度测定、弹力测定、色泽测定、感官评定等方面的指标分析,综合评价确定猴头菇经丁酰肼处理后在低温保藏过程中的品质变化情况。

(7)猴头菇经复合保鲜液涂层处理后在低温保藏过程中的品质变化研究。

配制 0.2% 卡拉胶+0.2% 魔芋胶+1.0% 丙三醇+0.5% 蔗糖酯+0.1% 山梨酸钾+0.1% 苯甲酸钠的涂层复合保鲜液 6 L。将大小均匀、形态完整的猴头菇清洗沥干后,浸入涂层复合保鲜液中 5 s,吹干,使其在猴头菇表面形成一层保护膜。每 3 个装袋系紧袋口,置入 1℃ 冷藏柜中贮藏 30 d。期间每 3 d 取 6 个猴头菇进行总酚含量、多酚氧化酶活性、褐变度、丙二醛含量、硬度测定、弹力测定、色泽测定、感官评定等方面的指标分析,综合评价确定猴头菇经涂层复合保鲜液处理后在低温保藏过程中的品质变化情况。

4.1.5 猴头菇 MAP 保鲜工艺条件研究

气调保鲜技术(MAP)是人为控制气调保鲜库(或容器)中气体中的氮气、氧气、二氧化碳、乙烯等成分的比例,再控制环境湿度、温度(冰冻临界点以上)及气压,通过抑制储藏物细胞的呼吸量来延缓其新陈代谢过程,使之处于近休眠状态,而不是细胞死亡状态,从而能够较长时间保持被储藏物的质地、色泽、口感、营养等基本不变,进而达到长期保鲜的效果。为研究合适的猴头菇 MAP 条件,将新鲜涂膜处理后的猴头菇装入可密封塑料盒内,密封包装,充入不同气体成分,将各种处理后的猴头菇存放于1℃冷藏柜中,每隔三天测定指标。各处理充入的气体成分见表4-1。

表4-1　猴头菇 MAP 不同处理充填的气体成分

序号	CO_2 浓度	O_2 浓度(%)	序号	O_2 浓度	CO_2 浓度(%)
A1		2	B1		5
A2	固定 CO_2	6	B2	固定 O_2	10
A3	浓度为10%	10	B3	浓度为6%	15
A4		14	B4		20

注:除 O_2、CO_2 外剩余气体以 N_2 填充。

4.1.6　验证性试验

从上述8种试剂溶液中选取保鲜效果最好的试剂,对其适宜的保鲜喷涂浓度进行微调,再结合最佳包装方法和气调贮藏条件进行保鲜实验研究,经多次实验后确定适宜的猴头菇保鲜条件。

4.1.7　猴头菇在低温贮藏过程中的品质变化评价方法

4.1.7.1　理化方法

(1)总酚含量测定。

称取没食子酸标准品 25 mg,加水定容至 250 mL,得浓度为 0.1 mg/mL 标准溶液。称取 15 g Na_2CO_3,加水定容至 100 mL,配制成 15% Na_2CO_3 溶液。吸取没食子酸标准溶液 0.0 mL、0.1 mL、0.2 mL、0.3 mL、0.4 mL、0.5 mL、0.6 mL 于 10 mL 棕色容量瓶中,再加入 1 mL 福林酚显色剂,摇匀后加入 2 mL 15% Na_2CO_3 溶液,加水定容至 10 mL,室温下反应 2 h 后,以蒸馏水为空白对照,在波长 760 nm 下测定吸光度。以浓度为横坐标,以吸光度为纵坐标,绘制没食子酸标准曲线(图 4-1)。

取 0.5 g 猴头菇样品,置于研钵中,加入 3% 的盐酸甲醇溶液 2 mL,研磨成匀

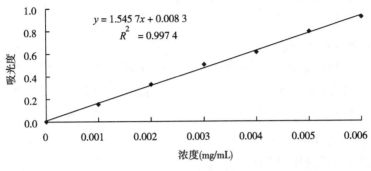

图 4-1　没食子酸标准曲线

浆后转移至 10 mL 刻度试管中,加水至刻度线。于 1℃下避光恒温 1 h,过滤,收集滤液后在波长 280 nm 处测定吸光度值。对照没食子酸标准曲线 $y = 1.5457x + 0.0083$ 进行换算,单位为 mg/g FW。

(2)多酚氧化酶活性的测定。

取猴头菇样品,剁碎混匀,从中称取 0.5 g,置于研钵中,加入 0.1 mol/L pH 5.5 磷酸缓冲盐溶液 1 mL,研磨成匀浆,并用该缓冲液 1.5 mL 洗涤研钵,于 4℃、12 000 r/min 条件下离心 20 min,上层清液即为酶提取液。

取 1 根试管,加入 3 mL 0.1 mol/L pH5.5 磷酸缓冲盐溶液、1 mL 50 mmol/L 邻苯二酚,于 20℃下保温 5 min 后加入 1 mL 酶提取液。15 s 后,以蒸馏水作参比,记录在波长 420 nm 处的吸光度值,每 30 s 记录 1 次,记录 10 个点,结果以每分钟吸光度变化 0.01 为一个酶活单位(U),重复测定 3 次,最后的活性值表示为 U/g。

(3)丙二醛含量的测定。

取猴头菇样品,剁碎后充分混匀,从中取 0.5 g,加入 2.5 mL 100 g/L 三氯乙醇(TCA)溶液,充分研磨成匀浆后转移至离心管中。在 4℃、10 000 r/min 条件下离心 25 min 后,取 2.0 mL 上清液(参比用 100 g/L TCA),加入 2 mL 0.67% 硫代巴比妥酸,充分混匀后,在沸水浴中放置 20 min,取出冷却后,分别测在 600 nm、450 nm 和 532 nm 处上清液的吸光值。重复测定 3 次。

$$丙二醛含量(nmol/g\ FW) = \frac{[6.45 \times (OD_{532} - OD_{600}) - 0.56 \times OD_{450}] \times V}{(W \times V_S)}$$

式中:c——反应混合液中丙二醛浓度,nmol/g FW;

V——提取液体积,mL;

V_s——测定时取样品提取液体积,mL;

W——植物组织鲜重,g。

(4)褐变度的测定。

称取猴头菇样品 0.5 g 放在研钵内,放入 10 mL 沸水,30 s 后迅速冷却,充分研磨。在转速 1 000 r/min 条件下离心 5 min 后,取上清液 10 mL(以蒸馏水为参照)在波长 410 nm 下测定吸光度,以 $A_{410}×20$ 表示猴头菇褐变度的值。

4.1.7.2 质构特性方法

(1)猴头菇硬度检测方法。

用质构仪对猴头菇进行硬度和弹力两方面的质构特性测定,将猴头菇切成长 5 cm、宽 3 cm、厚 2 cm 的长方体,采用圆柱形探头 TA11,将猴头菇样品表面和边缘去除,确保表面底面平整。实验参数为触发点 5 g,形变量 50%,测试前速度 2 mm/s,测试速度 1 mm/s。每个样品测 3 次,取硬度和弹力的平均值为实验结果数据。

(2)猴头菇色度检测方法。

取猴头菇样品切成 1 cm 的立方体,用 R7300 便携式色度计对猴头菇的内部色泽进行测定。测定前用标准白板进行校正,每个样品进行 3 次重复实验,测定猴头菇的色差(L^*、a^*、b^*值)以 W 表示白度。

计算公式:$W = 100 - [(100 - L^*)^2 + (a^*)^2 + (b^*)^2]^2$

式中:L^*——亮度;

a^*——正值为偏红,负值为偏黄;

b^*——正值为偏黄,负值为偏蓝。

4.1.7.3 猴头菇感官评定

实验选取 20 名身体健康、无任何不适者,嗅觉、味觉正常且无色盲的男女各 10 人组成感官评价小组。由感官评价小组对实验所用猴头菇从硬度、色泽、气味、形态、表面情况等方面进行感官评价。感官评价标准见表 4-2。

表 4-2　猴头菇感官评价表

项目	感官评价指标		
硬度 (25分)	菌盖弹性好,菌柄坚硬 (22~25 分)	菌盖弹性较好,菌柄较硬(18~21 分)	菌盖、菌柄软化严重,有水渍渗出(≤17 分)
色泽 (25分)	菇体色泽白亮 (22~25 分)	菇体开始出现部分发黄现象(18~21 分)	菇体全部发黄,颜色越来越深(≤17 分)

项目	感官评价指标		
气味 (25 分)	味道浓郁,清香,持续时间较长 (22~25 分)	气味正常,无异味,持续 时间较短(18~21 分)	有异味或异味严重 (≤17 分)
形态 (15 分)	菌体形态完整,无明显机械损伤 痕迹(12~15 分)	菌体形态较完整,机械 损伤痕迹轻微(8~11 分)	菌体形态较完整,有明 显机械损伤(≤7 分)
表面情况 (10 分)	无发黏现象 (8~10 分)	稍微有发黏现象 (5~7 分)	发黏现象明显 (≤4 分)
等级 (总分)	一级 (82~100 分)	二级 (67~81 分)	三级 (≤67 分)

4.2　结果与分析

4.2.1　确定低温贮藏猴头菇的适宜包装方法试验结果

分别对猴头菇进行真空包装、保鲜膜包裹、塑料盒封装和对照组网袋包装四种包装方式的低温贮藏研究,经 21 d 贮藏后检测各个检验指标,并与对照组进行了对照分析,试验结果见表 4-3~表 4-6 和图 4-2。

表 4-3　猴头菇对照组(网袋包装)的综合评价表

指标	3 d	6 d	9 d	12 d	15 d	18 d	21 d
PPO	2.2	4.2	5.2	6.8	6.2	5.8	5.2
MDA	1.071	1.341	1.509	1.633	1.801	1.871	2.121
总酚(mg/g FW)	0.322	0.512	0.948	1.01	1.211	1.084	0.839
BD	2.84	4.89	6.72	7.32	8.02	9.44	10.8
硬度(g)	726	753	801	834	863	887	921
白度	12.7	16.1	18.8	20.1	22.8	25.2	27.9
弹力(N)	0.79	0.69	0.53	0.49	0.48	0.41	0.38
色泽(分)	22	22	15	8	3	0	0
气味(分)	23	18	12	6	0	0	0
形态(分)	14	12	9	7	2	0	0
表面情况(分)	9	7	4	2	0	0	0

表4-4　猴头菇经真空包装后低温贮藏过程中的品质评价表

指标	3 d	6 d	9 d	12 d	15 d	18 d	21 d
PPO	2.5	3.5	4.3	5.4	6.1	5.1	4.2
MDA	1.311	1.523	1.792	1.761	1.926	2.125	2.345
总酚(mg/g FW)	0.331	0.474	0.835	0.939	1.156	1.021	1.009
BD	3.24	5.11	6.64	7.84	8.88	9.12	9.34
硬度(g)	713	742	782	814	846	873	901
白度	12.2	13.5	13.9	15.2	16.4	17.9	19.4
弹力(N)	0.69	0.62	0.52	0.49	0.45	0.41	0.38
色泽(分)	23	22	16	13	6	2	0
气味(分)	25	23	15	12	10	5	0
形态(分)	14	14	10	8	5	2	0
表面情况(分)	10	9	7	5	3	1	0

表4-5　猴头菇经保鲜膜包裹后低温贮藏过程中的品质评价表

指标	3 d	6 d	9 d	12 d	15 d	18 d	21 d
PPO	2.3	3.0	3.9	4.7	5.5	4.1	3.2
MDA	1.512	1.725	1.908	1.998	2.085	2.375	2.525
总酚(mg/g FW)	0.315	0.368	0.575	0.697	0.779	0.911	0.999
BD	3.31	5.08	6.19	7.74	8.49	8.98	9.21
硬度(g)	723	749	791	820	850	880	900
白度	12.3	13.3	14.1	14.8	15.9	16.8	19.9
弹力(N)	0.71	0.68	0.60	0.55	0.50	0.44	0.40
色泽(分)	25	22	20	16	10	6	3
气味(分)	25	21	18	12	6	0	0
形态(分)	15	15	12	10	7	5	2
表面情况(分)	10	9	7	6	4	2	0

表4-6　猴头菇经塑料盒封装后低温贮藏过程中的品质评价表

指标	3 d	6 d	9 d	12 d	15 d	18 d	21 d
PPO	2.1	2.8	3.3	3.9	4.7	4.1	3.5

指标	3 d	6 d	9 d	12 d	15 d	18 d	21 d
MDA	1.408	1.611	1.858	1.860	2.005	2.195	2.081
总酚(mg/g FW)	0.335	0.389	0.499	0.618	0.787	0.711	0.655
BD	3.33	5.19	6.75	7.89	8.90	9.20	9.41
硬度(g)	718	735	770	795	819	845	861
白度	12.6	13.9	14.8	15.3	15.9	16.7	17.8
弹力(N)	0.71	0.68	0.65	0.61	0.57	0.54	0.49
色泽(分)	24	22	19	15	11	8	6
气味(分)	24	24	20	17	13	9	7
形态(分)	14	14	11	10	8	6	4
表面情况(分)	9	9	8	7	6	5	4

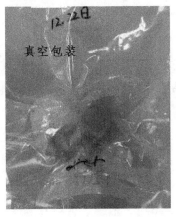

图 4-2　猴头菇塑料盒包装(左)和真空包装(右)后低温贮藏 21 d 效果图

从表 4-3 ~ 表 4-6 和图 4-2 可以看出,猴头菇不同包装后在低温贮藏过程中的品质劣变均是缓慢发生的。总酚含量先上升后下降,褐变程度不断上升。总酚含量从第 15 d 急速下降,褐变程度一直呈现升高的趋势。说明猴头菇自身物质发生反应,消耗自身营养物质加速,品质逐步下降,直至失去食用价值。丙二醛含量呈升高趋势,色泽逐渐黄变。由于丙二醛可破坏细胞膜,加速细胞衰老,加重褐变。猴头菇的色泽由初期的白亮到中期浅黄,到后期深黄;由于猴头菇失水导致硬度上升、弹力下降,表面也由初期的干爽,到后期的发黏。初期气味清香,随着贮藏时间的延长逐渐出现异味,后期酸味明显,失去食用价值,感官品质劣变严重。对照组经贮藏 12 d 时基本达到不可食用的程度,而经包装后都能延长保质期。

综合来看,用塑料盒包装的猴头菇经过 21 d 贮藏后,硬度、弹力变化在四种包装方式中是最小的,褐变程度、色泽、变化较小,品质综合变化较小。究其原因是用塑料盒包装后,在存放过程中可以避免猴头菇个体间的相互挤压,能有效避免变性、菇体内部受压下,呼吸热可有效散出。加之在盒内放一层吸水纸,可有效将猴头菇释放出的水分吸收,避免微生物感染。所以,猴头菇用塑料盒包装后存放的方式是较好的,如能采取措施再进一步避免褐变,可进一步延长保鲜期。

4.2.2 确定猴头菇适宜的喷涂保鲜方法研究结果

4.2.2.1 猴头菇经不同浓度的壳聚糖溶液、食盐溶液、柠檬酸溶液和抗坏血酸溶液喷涂处理后在低温保藏过程中的品质变化情况

新鲜猴头菇采后立即进行不同浓度的壳聚糖溶液、食盐溶液、柠檬酸溶液和抗坏血酸溶液喷涂处理,然后室温风吹干,再装入塑料盒,底下铺上吸水纸,封盒后置入 1℃冷藏柜冷藏存放。经 21 d 观察,发现其各项检验指标的变化情况和对照组基本一致,15 d 后表面褐变严重,并出现腐烂斑,21 d 基本失去食用价值。试验结果见表 4-6。可见,壳聚糖、食盐、柠檬酸和抗坏血酸四种试剂对猴头菇保鲜无作用。

4.2.2.2 焦亚硫酸钠处理后的猴头菇在低温保藏过程中的品质变化情况

猴头菇经低浓度焦亚硫酸钠处理后,30 d 的低温贮藏期内品质变化情况见图 4-3 和表 4-7。

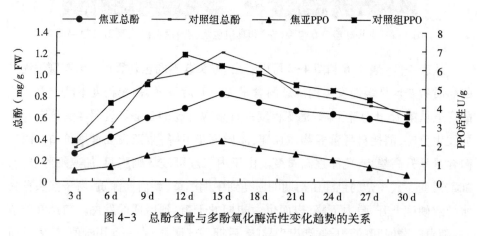

图 4-3 总酚含量与多酚氧化酶活性变化趋势的关系

表4-7　焦亚硫酸钠处理后的猴头菇低温贮藏过程中的品质变化评价表

指标	3 d	6 d	9 d	12 d	15 d	18 d	21 d	24 d	27 d	30 d
BD	2.01	2.85	3.22	5.6	6.4	7.1	8.22	9.2	10.99	12.27
MDA	1.011	1.223	1.392	1.461	1.526	1.625	1.845	2.125	2.388	2.512
硬度(g)	711	722	737	745	761	783	814	847	869	881
白度	10.1	12.3	13.4	14.8	16.3	17.2	18.3	19.4	20.8	21.5
弹力(N)	0.75	0.67	0.61	0.52	0.48	0.42	0.39	0.37	0.31	0.25
硬度(分)	24	23	23	20	19	18	17	17	15	14
色泽(分)	23	23	22	21	19	19	17	17	17	15
气味(分)	25	23	21	19	18	17	17	17	15	15
形态(分)	14	14	13	12	11	9	8	7	6	6
表面情况(分)	10	9	9	8	7	6	6	5	5	4

由图4-3和表4-7可知,焦亚硫酸钠处理后的猴头菇总酚含量与多酚氧化酶活性均是先增加后减少,但对照组的总酚含量与多酚氧化酶活性水平均高于试验组,这是由于焦亚硫酸盐具有抑制多酚氧化酶活性的缘故,焦亚硫酸钠处理对猴头菇保鲜有利。随着贮藏时间的延长,猴头菇逐渐失水,硬度逐渐缓慢上升,弹力逐渐下降,表面也由初期无发黏到后期微微发黏。猴头菇的色泽由初期的白亮到后期浅黄,与对照组相比,处理组的猴头菇颜色变化较小,褐变程度轻,优势明显,品质变化较小。综合来看,焦亚硫酸钠可有效抑制猴头菇在低温保藏过程中品质劣变,21 d内,褐变度与丙二醛含量增长幅度小,硬度、弹力变化小,多酚氧化酶活性低,猴头菇色泽变化程度小,品质综合变化较小,具有明显食用价值。

4.2.2.3　丁酰肼处理后猴头菇在低温保藏过程中的品质变化研究的试验结果

经丁酰肼(B9)处理后的猴头菇在低温贮藏过程中的品质变化情况见图4-4和表4-8。

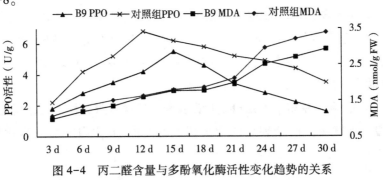

图4-4　丙二醛含量与多酚氧化酶活性变化趋势的关系

表 4-8　丁酰肼处理后的猴头菇低温贮藏过程中的品质变化评价表

B9	3 d	6 d	9 d	12 d	15 d	18 d	21 d	24 d	27 d	30 d
总酚(mg/g FW)	0.259	0.399	0.626	0.938	0.884	0.784	0.728	0.705	0.622	0.558
BD	2.96	4.52	5.14	6.34	7.62	9.58	10.32	13.22	15.48	17.97
硬度(g)	724	741	775	791	824	846	869	893	919	942
白度	12.3	15.3	17.2	19.2	21.8	23.1	25.9	27.9	29.1	31.6
弹力(N)	0.68	0.51	0.42	0.30	0.27	0.22	0.19	0.17	0.11	0.10
硬度(分)	24	22	21	19	18	18	17	15	15	14
色泽(分)	23	22	21	20	19	17	17	15	13	12
气味(分)	25	23	21	19	18	17	17	15	15	15
形态(分)	14	14	13	12	10	8	8	7	7	6
表面情况(分)	10	9	9	8	7	7	6	5	4	3

　　经过 30 d 低温保藏后,与对照组相比,经 B9 处理后的猴头菇的多酚氧化酶活性先增加后减小,猴头菇的色泽由前期的白亮,到中期部分发黄,到后期根部出现褐色,猴头菇衰老品质明显降低;经 B9 处理的猴头菇多酚氧化酶活性在第 15 d 达到峰值,而对照组第 12 d 就达到峰值。B9 处理可轻微抑制多酚氧化酶活性,但效果不理想。丙二醛含量持续上升,且与对照组相比含量变化相差不大,导致细胞膜受损伤程度高,细胞衰老速度加快,营养物质消耗加快,硬度上升速度与弹力下降速度均加快,其贮藏品质下降。褐变度呈现上升趋势且与对照组相差较小,褐变程度较高。但其气味变化较小,21 d 才出现异味。贮藏初期猴头菇表面无发黏现象,27 d 出现发黏现象,硬度与弹力与对照组相比变化程度均较大。经 B9 处理后的猴头菇在低温保藏过程中,气味变化程度较轻,表面变化情况较小,但对丙二醛含量的增长无抑制作用,导致褐变度、色泽、硬度、弹力变化较大,品质劣变程度较大。

4.2.2.4　复合保鲜液涂层处理后猴头菇在低温保藏过程中的品质变化情况

　　经复合保鲜液涂层处理后的猴头菇低温贮藏 30 d 内的品质变化情况见图 4-5 和表 4-9。

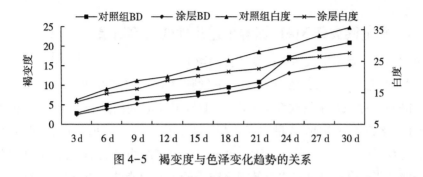

图 4-5　褐变度与色泽变化趋势的关系

表 4-9　涂层保鲜液处理后猴头菇在低温贮藏期内质量综合评价表

涂层	3 d	6 d	9 d	12 d	15 d	18 d	21 d	24 d	27 d	30 d
总酚	0.26	0.402	0.891	1.062	0.982	0.868	0.841	0.831	0.688	0.595
MDA	0.976	1.109	1.252	1.524	1.645	1.688	1.714	1.963	2.167	2.361
PPO	1.8	2.6	3.7	4.4	5.2	4.5	3.8	3.2	2.6	1.8
硬度（g）	712	734	747	771	789	809	825	837	852	868
弹力（N）	0.81	0.79	0.76	0.71	0.66	0.61	0.55	0.50	0.44	0.39
硬度（分）	24	22	22	20	19	19	17	17	16	16
色泽（分）	23	22	22	20	19	17	17	15	15	13
气味（分）	25	21	21	20	19	17	17	16	15	13
形态（分）	14	14	12	12	10	10	8	8	7	6
表面情况（分）	10	9	8	7	7	6	5	4	4	3

由图 4-5 和表 4-9 可以看出，在 30 d 低温贮藏期内，由于涂层形成的膜可阻止水分的散失，既减少水分流失也减缓了氧化过程。猴头菇的硬度、弹力、色泽均得到保护，品质下降变慢，但同时呼吸作用受到限制，气味从第 18 d 出现异味，第 30 d 异味严重。经处理后猴头菇的褐变度虽然持续上升，但其速率较对照组小得多，生成的黑色或黑褐色色素受到抑制，色泽只由白亮变成浅黄色，中心还有白色组织。复合涂层处理后的猴头菇，其多酚氧化酶活性低于对照组活性，与酚类底物反应受到抑制。丙二醛含量呈增长趋势，但与对照组相比变化幅度小，细胞膜损坏程度较轻。硬度呈上升趋势，弹力呈下降趋势，与对照组相比变化较小。表面情况初期无发黏现象，到第 24 d 出现发黏现象。经涂层复合保鲜液处理后的猴头菇在低温贮藏过程中，多酚氧化酶活性较低，丙二醛含量较少，色泽劣变轻微，硬度、弹力变化程度较轻，自身营养物质消耗较少，但气味变化严重，表面情况发黏严重，品质综合变化程度较大，18 d 后失去食用价值。

4.2.3　确定猴头菇MAP保鲜工艺条件的试验结果

4.2.3.1　氧气浓度对猴头菇褐变的影响

（1）氧气浓度对猴头菇MDA含量和细胞膜相对透性的影响。

如图4-6所示，采后猴头菇MDA含量随贮藏时间的延长呈上升趋势，细胞膜透性变化趋势与MDA含量的变化相似图（图4-7）。在整个贮藏期间，采用6%浓度O_2处理的猴头菇，其MDA含量比其余各组小，细胞膜透性上升较为缓慢，表明适当的低氧处理可以有效减少猴头菇细胞膜脂的过氧化作用，减轻猴头菇细胞膜的伤害。当O_2浓度为2%时，后期猴头菇MDA含量与细胞膜透性突然上升，这可能由于发生了无氧呼吸，产生乙醇和乙醛等有害物质，导致猴头菇生理失调。

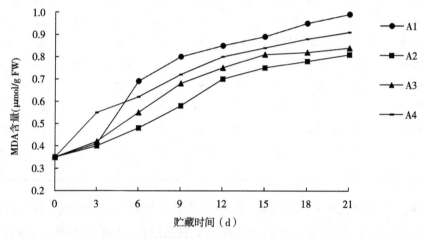

图4-6　氧气浓度对猴头菇MDA含量的影响

猴头菇经表面喷涂焦亚硫酸钠处理后再进行MAP贮藏，不同氧气浓度下猴头菇的MDA含量均呈升高趋势（见图4-6）。虽然MAP贮藏前期的MDA含量升高幅度略大于普通低温贮藏（见图3-4），但后期变化较小，在长达21 d的贮藏期内，MDA含量的整体水平低于普通低温贮藏时的最高水平，说明MAP贮藏效果较好。在四种氧气浓度中，A2处理（氧气浓度6%）的MDA含量最低，可见，6%氧气浓度有利于控制MDA含量，延长猴头菇保鲜期。

（3）氧气浓度对猴头菇褐变度的影响。

猴头菇在MAP贮藏过程中，各不同氧气浓度下的褐变度均呈上升趋势（见图4-8）。相比之下，A2处理组的褐变度明显低于其他各组，到第21 d时的褐变

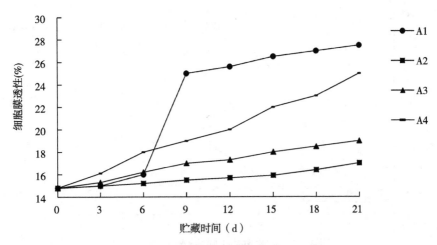

图 4-7　氧气浓度对猴头菇细胞膜透性的影响

度明显低于同一时期的 A1、A3 和 A4 处理,说明 6% 氧气浓度能够起到很好的抑制猴头菇 MAP 贮藏时褐变度的作用。

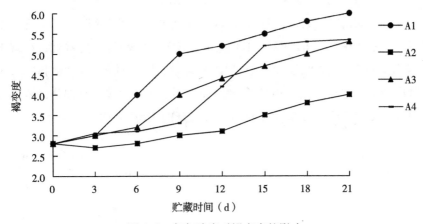

图 4-8　氧气浓度对褐变度的影响

(4)氧气浓度对猴头菇 PPO 酶活性的影响。

猴头菇在 MAP 贮藏期间,四个不同氧气浓度处理组的 POD 酶活性变化情况不同(见图 4-9),A1、A3 和 A4 处理的 POD 酶活性均呈先升高后下降的趋势,高峰在 9~12 d 出现。在贮藏期内,A2 处理的 POD 酶活性呈缓慢上升趋势,在第 21 d 后才开始下降。氧气浓度为 6% 可有效推迟猴头菇 POD 酶活性高峰期的到来,起到较好的保鲜效果。

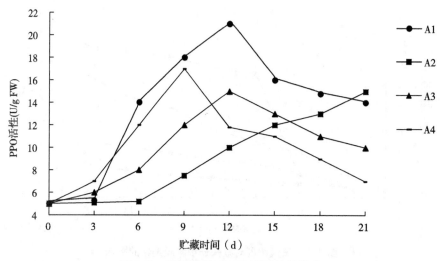

图4-9 氧气浓度对 PPO 酶活性的影响

4.2.3.2 二氧化碳浓度对猴头菇褐变的影响

(1)二氧化碳浓度对猴头菇 MDA 含量的影响。

猴头菇在 MAP 贮藏期间,四个不同二氧化碳浓度处理组的 MDA 含量变化情况不同(见图4-10),B1、B2 和 B3 处理的 MDA 含量变化趋势相似,均缓慢升高。B4 处理(二氧化碳浓度 20%)的 MDA 含量在贮藏的前 3 d 急剧升高,可能是二氧化碳浓度过高所致。MDA 含量越高说明猴头菇机体受到损伤的程度越严重,因此,浓度为 20%的二氧化碳不适于猴头菇的 MAP 贮藏。

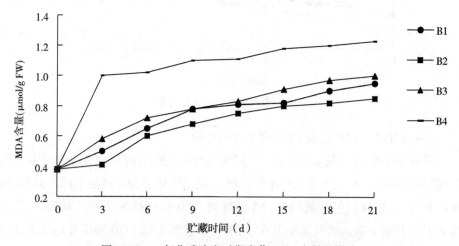

图4-10 二氧化碳浓度对猴头菇 MDA 含量的影响

（2）二氧化碳浓度对猴头菇褐变度的影响。

从图 4-11 可以看出,猴头菇在 MAP 贮藏期间其褐变度缓慢升高,贮藏 21 d 后,采用 B3 处理(二氧化碳浓度 15%)的猴头菇褐变度与初始值相比变化最小;B4 处理(二氧化碳浓度 20%)的猴头菇褐变度升高幅度最大;B1 处理(二氧化碳浓度 5%)和 B2 处理(二氧化碳浓度 10%)的猴头菇褐变度均高于 B3 处理。可见,二氧化碳浓度为 15% 对猴头菇 MAP 贮藏较为有利。

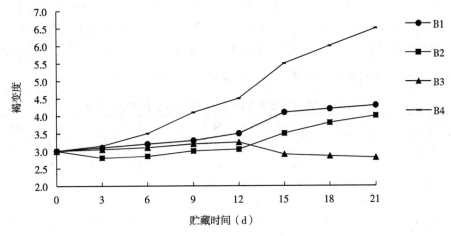

图 4-11　二氧化碳浓度对褐变度的影响

（3）二氧化碳浓度对猴头菇 PPO 酶活性的影响。

由图 4-12 可知,猴头菇在 MAP 贮藏期间,随着贮藏时间的延长,四种不同二氧化碳浓度处理的猴头菇 PPO 酶活性均呈现先上升后下降的趋势。采用 B1、

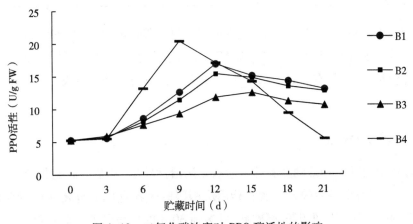

图 4-12　二氧化碳浓度对 PPO 酶活性的影响

B2 和 B4 处理的猴头菇 PPO 酶活性在贮藏的第 9~12 d 出现最大峰值；采用 B3 处理的猴头 PPO 活性在贮藏的第 15 d 出现最大峰值，且 PPO 活性变化幅度较小。说明 B3 处理（二氧化碳浓度 15%）能有效延迟猴头菇 PPO 峰值的出现时间，对维持猴头菇品质有利。

4.2.4　验证性试验结果

对新鲜猴头菇先用 0.01% 焦亚硫酸钠水溶液淋洗，再用 0.1% 焦亚硫酸钠水溶液浸泡 30 min，捞出沥干水分，吹干后单个装入底部铺好吸水纸的塑料盒，调节内部氧气比例为 6%（另一组调节内部 CO_2 含量为 15%），置入 1℃ 冷藏柜存放 30 d。期间每 3 天取样测定和观察各检测指标，结果见表 4-10。

表 4-10　猴头菇在最佳条件下的贮藏期内质量综合评价表

指标	3 d	6 d	9 d	12 d	15 d	18 d	21 d	24 d	27 d	30 d
PPO	2.1	2.2	2.5	2.6	2.9	3.1	3.2	3.4	3.6	3.8
MDA	1.01	1.09	1.11	1.19	1.21	1.27	1.30	1.31	1.32	1.33
总酚（mg/g FW）	0.24	0.25	0.27	0.29	0.31	0.32	0.34	0.37	0.40	0.41
BD	1.86	1.89	1.99	2.02	2.35	2.98	3.16	3.56	3.89	4.12
硬度（g）	711	719	723	729	731	743	763	770	786	793
白度	10.1	10.9	11.8	12.3	12.9	13.1	13.6	13.9	14.3	14.5
弹力（N）	0.79	0.78	0.77	0.76	0.75	0.74	0.70	0.65	0.60	0.58
色泽（分）	25	25	23	22	21	20	19	19	18	18
气味（分）	24	24	23	23	22	20	20	19	19	19
形态（分）	15	14	14	14	14	12	12	11	10	10
表面情况（分）	10	9	9	9	8	8	9	7	7	7

从表 4-10 可以看出，采用最佳保鲜条件进行保鲜贮藏后，在 30 d 试验期内，猴头菇的各项检测指标良好，最大限度地延缓了衰老和褐变，外观、色泽、气味变化幅度较小，产品具有较好的感官性状，达到预期满意的保鲜效果。

4.3　本章结论

经焦亚硫酸钠处理的猴头菇多酚氧化酶活性较低，其余方面变化较小，品质变化较小，保鲜期相对较长。猴头菇用可密闭的塑料盒单个包装，结合 6% 低氧或者 15% 高 CO_2、1℃ 低温气调贮藏，可达到 30 d 的保鲜预期。此种保鲜方法经济性高，保鲜效果较好，品质变化较小，对猴头菇保鲜有很大参考价值。

第 5 章 猴头菇素肉干
制作工艺研究

随着猴头菇人工种植的不断拓展,以及人们生活水平的不断提高,猴头菇已不再是难得的珍品。由于鲜猴头菇不耐贮藏,目前市售猴头菇主要是干品。干品猴头菇具有苦味,食用前的浸泡脱苦工序耗时长,处理不好会导致猴头菇菜肴味道不佳。以猴头菇为主料,配以白砂糖、五香粉、孜然等辅料,制成具有肉的组织形态和口感的猴头菇素肉干,简化操作程序,方便消费者的食用,使美味唾手可得,营养与保健作用俱佳,胆固醇和脂肪含量低,符合现代人的生活要求。

5.1 材料与方法

5.1.1 试验材料与仪器

猴头菇,产自吉林省吉林市;五香粉、胡椒、孜然、白糖、酱油、炼乳、辣椒,市售。

MP21001 电子秤,上海恒平科学仪器有限公司;DHG-9245A 型电热恒温鼓风干燥箱,上海一恒科科学仪器有限公司;海尔电磁炉,海尔集团有限公司;BMD微波干燥机,河南博达微波设备有限责任公司;KBL10 真空包装机,山东淄博食品机械有限公司;SSYH 超高压灭菌机,山西三河科技有限公司;量筒、烤盘、案台、刀、盆、刷子等。

5.1.2 试验方法

5.1.2.1 猴头菇素肉干制作方法试验

分别按以下四种工艺流程进行猴头菇素肉干制作试验,对各试验产品进行综合对比,确定最佳制作工艺流程。

工艺 1:猴头菇→挑选→泡发(2%NaCl 溶液常温浸泡 2 h)→清洗→撕条→加调料煮制→热风烘干→冷却→猴头菇素肉干。

工艺 2：猴头菇→挑选→泡发(清水常温浸泡 2 h)→清洗→撕条→脱苦(10% 食醋煮沸 10 min)→洗涤→离心脱水→拌料腌制→热风烘干→刷炼乳→热风烘干→冷却→猴头菇素肉干。

工艺 3：猴头菇→挑选→泡发→清洗→撕条→脱苦→洗涤→离心脱水→拌料腌制→微波干制→刷炼乳→热风烘干→冷却→猴头菇素肉干。

工艺 4：猴头菇→挑选→泡发→清洗→撕条→脱苦→洗涤→离心脱水→拌料腌制→热风微波组合干制→刷炼乳→热风烘干→冷却→真空包装→超高压灭菌→猴头菇素肉干。

5.1.2.2　猴头菇素肉干风味调配单因素试验

分别研究孜然、五香粉、胡椒和食盐的不同用量对核桃粉素肉干风味的影响,由感官评定小组对不同因素的各个用量试验产品进行品评,根据评定人员的综合得分平均值来确定各因素的最佳用量。试验研究时孜然的用量分别为 0.5%、1.0%、1.5%、2.0%、2.5%、3.0%;五香粉的用量分别为 0.5%、1.0%、1.5%、2.0%、2.5%、3.0%;胡椒的用量分别为 2.0%、2.5%、3.0%、3.5%、4.0%、4.5%;白糖的用量分别为 0.5%、1.0%、1.5%、2.0%、2.5%、3.0%;食盐的用量分别为 0.2%、0.4%、0.6%、0.8%、1.0%、1.2%。

5.1.2.3　猴头菇素肉干风味调配响应面试验

选取对产品风味影响较大的五香粉、孜然、胡椒和食盐为因素,以单因素试验结果为中心,各取 3 个水平进行响应面试验及分析,确定猴头菇素肉干配方的最佳用量组合,试验设计见表 5-1。由于白糖用量对产品风味影响不大,试验时选取固定的白糖用量 2%,以能使产品感觉到一点甜味即可。

表 5-1　猴头菇素肉干配方的响应面试验设计

水平	A 五香粉	B 孜然	C 食盐	D 胡椒
-1	2.0%	1.0%	0.4%	3.0%
0	2.5%	1.5%	0.6%	3.5%
1	3.0%	2.0%	0.8%	4.0%

5.1.2.4　响应面实验结果的验证试验

按照响应面试验结果所得的最优组合进行猴头菇素肉干的制作,并进行感官评价,最后同响应面试验中其他组合进行比较,验证最优组合的准确性。

5.1.2.5　猴头菇素肉干感官评价方法

试验产品质量评价时,找 30 名健康人士组成品评小组,其中男女各半。对试验成品从形态、色泽、组织结构、滋味气味四个方面进行评价,具体感官评价标准见表 5-2。

表 5-2　猴头菇素肉干感官评价标准

项目	性状	分值
形态	外形规整,厚薄一致,表面形态均匀,外表略微潮湿柔软	20
色泽	呈棕黄色,色泽均匀	20
组织结构	外表细腻,剖面结构紧密,外表及内部均无肉眼可见的杂质	30
滋味气味	香浓爽口,甜度适中,口味纯正,具有猴头菇特有风味	30

5.2　结果与分析

5.2.1　确定猴头菇素肉干制作工艺的试验结果

5.2.1.1　泡发、脱苦、腌渍前脱水的必要性

在猴头菇素肉干的制作过程中,泡发可使干制的猴头菇吸水涨润,恢复猴头菇鲜品的性状,泡发后的猴头菇容易洗去外面的黄膜;增加脱苦工序可以显著降低猴头菇的苦味,使猴头菇素肉干的口感怡人。脱苦后再洗涤 1 次,将菇体残留的醋酸洗去,避免产品有酸味。为使产品的滋味浸入到菇体内部,缩短腌渍时间,在腌渍前用离心机对菇体进行机械脱水,使风味因子快速渗入菇体组织内部。

5.2.1.2　产品干燥方式的确定

产品制作时尝试了 3 种干燥方法,各干燥方法对猴头菇素肉干质量的影响情况见表 5-3。

表 5-3　不同干燥处理方式对产品品质的影响

干燥方式	产品性状
热风干燥	产品色泽呈黑棕色,外表发干,软硬适中,酥脆度不佳。
微波烘干	水分较少,色泽为棕色,外观紧实,中心酥脆,表层有开裂。
热风微波组合干燥	产品色泽棕红,表内软硬一致,表层无开裂,酥脆度良好。

猴头菇素肉干的干制方式严重影响产品的颜色和质地。热风干燥效果不

佳,且干燥时间漫长,越到干燥后期,水分散失越慢,干燥效率低。微波干燥可显著缩短干燥时间,但干燥速度过快容易导致产品表面出现裂纹。将热风干燥与微波干燥结合应用,先用热风干燥使产品大部分水分散失,再用微波加热快速除去产品组织内部的水分,省时且干燥效果好。

5.2.1.3 最佳技术路线

综合产品加工过程和产品质量考虑,确定工艺路线4较合理,完整工艺路线为:猴头菇→挑选→泡发→清洗→撕条→脱苦→洗涤→离心脱水→拌料腌制→热风微波组合干制→刷炼乳→热风烘干→冷却→真空包装→超高压灭菌→猴头菇素肉干。

具体操作方法为,选择颜色均匀、菇体完整的猴头菇干品,清除各种杂质后置入猴头菇 3 倍质量以上的清水常温浸泡 2 h,然后在流水冲洗下搓掉猴头菇的黄色外膜,再撕成宽约 1 cm 的条状,置入不锈钢锅内,加入 3 倍量以上的 10% 醋酸溶液,煮沸 10 min 进行脱苦处理,捞出沥干水分后用清水洗涤 1 次,再用离心机甩净菇体内部的水分。配制含有一定量食盐、五香粉、胡椒、孜然和白糖的浓溶液,放入脱水后的猴头菇条,搅拌均匀,腌渍 20 min,然后用 95℃ 1 m/s 流速的热风干燥 60 min,再用 2 450 MHz 的微波干燥 5 min(期间每隔 1 min 翻 1 次)。表面喷刷炼乳后再用 95℃热风干燥 30 min,然后于无菌条件下冷却至室温,真空包装并超高压灭菌后即为成品猴头菇素肉干。

5.2.2 猴头菇素肉干风味调配单因素试验结果

5.2.2.1 孜然对猴头菇素肉干风味的影响

在固定白砂糖、胡椒等原辅料添加量的情况下,改变孜然的添加量进行猴头菇素肉干制作试验,成品猴头菇的感官评价结果见图 5-1。

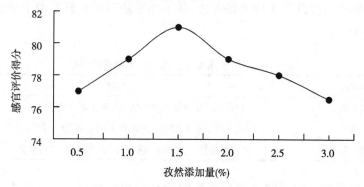

图 5-1 孜然对猴头菇素肉干品质的影响

从图 5-1 可以看出孜然的添加量为 1.5% 时综合感官评价得分最高,孜然赋予产品浓郁的香味,孜然对猴头菇素肉干味道起到调节作用。添加适量的孜然做出来的产品香味浓郁,放置至常温后,产品容易变得味道丰富。孜然过多,产品香味太重。合理使用,使产品口感大大改善。

5.2.2.2　五香粉对猴头菇素肉干风味的影响

不同五香粉用量的试验结果见图 5-2。

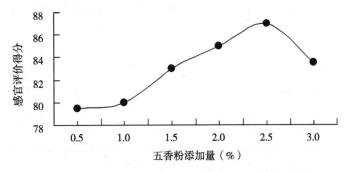

图 5-2　五香粉的添加量对猴头菇素肉干品质的影响

图 5-2 表明在猴头菇素肉干的制作过程中,五香粉的用量也尤为重要,这是因为五香粉对猴头菇素肉干的滋味气味、产品色泽都有很大影响,其次是产品的组织结构。当五香粉的添加量较低时猴头菇素肉干的香味不浓,这主要是由五香粉的调味功效引起的,从而影响猴头菇素肉干的口感。当添加量达到 2.5% 时,综合指标最高,此时猴头菇素肉干的品质最好,利于改善猴头菇素肉干的风味。当添加量超过 2.5% 时,猴头菇素肉干的香味太重而掩盖住其他调味料的风味。确定五香粉的最适添加量为 2.5%。

5.2.2.3　胡椒添加量对猴头菇素肉干风味的影响

在固定白砂糖、五香粉、孜然等原辅料添加量的情况下,改变胡椒的添加量进行试验,成品猴头菇素肉干的感官评价结果见图 5-3。

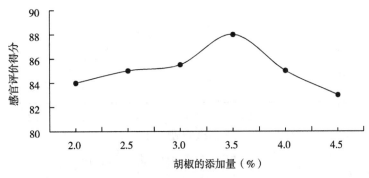

图 5-3　胡椒添加量对猴头菇品质的影响

　　从图 5-3 可以看出胡椒添加量为 3.5% 时综合指标最高,其原因是胡椒味辛,大温,无毒,有去腥解油腻的作用,助消化。用量过多时,会因为胡椒含辣椒碱、胡椒脂碱、挥发油和脂肪油,火候太久会使辣味和香味挥发掉。当胡椒添加量过低时缺少滋味,胡椒添加量高于 3.5% 时会导致口味过重影响整体口感。

5.2.2.4　白糖用量对猴头菇素肉干风味的影响

　　在固定五香粉、孜然、胡椒等原辅料添加量的情况下,改变白糖的用量进行猴头菇素肉干制作试验,成品猴头菇素肉干的感官评价结果见图 5-4。

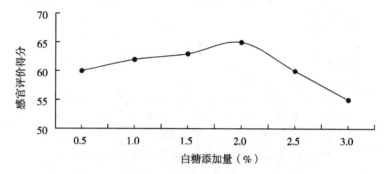

图 5-4　白糖的用量对猴头菇素肉干品质的影响

　　由图 5-4 可知,白糖的用量对猴头菇素肉干风味影响不大。糖在猴头菇素肉干中可起到增加甜度和改善色泽的作用。当白糖用量超过 2% 时综合指标大幅下降,且在烘烤时美拉德反应发生得较为严重,容易烤焦,口感也会过于甜腻。当白糖用量少时猴头菇素肉干甜度降低,同时色泽会变淡。所以,白糖的最佳用量为 2%。

5.2.2.5　食盐用量对猴头菇素肉干风味的影响

　　在固定五香粉、孜然、胡椒、白糖等原辅料添加量的情况下,改变食盐的用量进行猴头菇素肉干制作试验,成品猴头菇素肉干的感官评价结果见图 5-5。

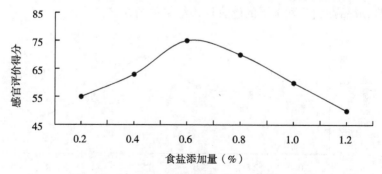

图 5-5　食盐的用量对猴头菇素肉干品质的影响

由图 5-5 可知,食盐的用量对猴头菇素肉干的风味影响较大。较低浓度的食盐时,产品咸味偏淡;食盐用量过大时,产品较咸不易被接收。适当使用食盐可增强产品的鲜味,使猴头菇素肉干咸鲜怡人,食盐的最佳用量为 0.6%。

5.2.3　响应面试验结果

以五香粉、孜然、辣椒和食盐为因素,各取三个水平进行的响应面试验结果见表 5-4。

表 5-4　猴头菇素肉干配方优化响应面试验结果

试验号	A 五香粉	B 孜然	C 食盐	D 胡椒	感官评分
1	0	0	0	0	94.415
2	0	0	−1	−1	66.669
3	0	1	0	1	79.962
4	0	0	0	1	92.268
5	0	0	0	0	91.164
6	0	0	0	0	96.628
7	0	0	−1	1	68.888
8	−1	0	1	0	64.464
9	1	0	0	1	74.496
10	0	−1	0	−1	63.359
11	−1	0	0	−1	69.989
12	1	0	1	0	75.529
13	0	0	0	0	95.518
14	1	0	−1	0	61.838
15	1	0	0	−1	63.162
16	0	0	0	0	93.309
17	0	1	−1	0	72.262
18	0	1	0	−1	80.082
19	1	−1	0	0	71.151
20	0	−1	1	0	77.771
21	−1	−1	0	0	89.987

续表

试验号	A 五香粉	B 孜然	C 食盐	D 胡椒	感官评分
22	0	0	1	−1	61.907
23	1	1	0	0	81.184
24	0	0	1	1	85.512
25	1	1	0	0	78.808
26	1	0	0	1	76.655
27	0	−1	−1	0	70.026
28	0	1	1	0	83.312
29	−1	0	−1	0	73.393

利用 Design-Expert 8.0.6 软件,建立五香粉(A)、孜然(B)、食盐(C)、胡椒(D)四个因素的数学回归模型为:

感官评分 $= 93.8 - 2A + 0.92B + 2.92C + 6D + 5.25AB + 5.75AC + AD + BC - 7.5BD + 5.5CD - 11.4A^2 - 3.77B^2 - 13.77C^2 - 11.15D^2$。

由表 5-5 可知,模型回归系数 $R^2 = 0.9709$,$P<0.01$,说明该模型回归极为显著,可用于猴头菇素肉干风味调配的试验设计。根据显著性标准,一次项 A、C、D,交互项 AB、AC、BD、CD 以及二次项 A^2、B^2、C^2、D^2 对猴头菇素肉干感官评价分值的影响均具有显著性($P<0.05$)。方程的失拟项 P 值为 0.2175,表明其对实验结果的影响不显著,说明模型良好;$R_{adj}^2 = 0.941$ 可解释本模型中响应值的变化;$R_{adj}^2 = 0.941$,$R_{pred}^2 = 0.8483$,二者差异<0.2,说明试验所选用的回归模型与实际得出的数据误差小,能较好反映出各因素与猴头菇素肉干感官评价之间的关系。由 F 值可以看出,因素 A、C、D 对试验结果的影响较大,而 B 的影响相对较小。

表 5-5　回归模型显著性检验与方差分析

方差来源	平方和	自由度	均方	F 值	P 值	显著性
模型	3 302.38	14	235.88	32.90	< 0.000 1	显著
A-五香粉	48.00	1	48.00	6.69	0.021 5	
B-孜然	10.08	1	10.08	1.41	0.255 4	
C-食盐	102.08	1	102.08	14.24	0.002 1	

方差来源	平方和	自由度	均方	F 值	P 值	显著性
D-胡椒	432.00	1	432.00	60.25	< 0.000 1	
AB	110.25	1	110.25	15.38	0.001 5	
AC	132.25	1	132.25	18.44	0.000 7	
AD	4.00	1	4.00	0.56	0.467 5	
BC	4.00	1	4.00	0.56	0.467 5	
BD	225.00	1	225.00	31.38	< 0.000 1	
CD	121.00	1	121.00	16.88	0.001 1	
A^2	842.98	1	842.98	117.57	< 0.000 1	
B^2	92.44	1	92.44	12.89	0.003 0	
C^2	1 230.81	1	1 230.81	171.66	< 0.000 1	
D^2	806.42	1	806.42	112.47	< 0.000 1	
残差	100.38	14	7.17			
失拟项	85.58	10	8.56	2.31	0.217 5	不显著
纯误差	14.80	4	3.70			
总差	3 420.76	28				

$R^2 = 0.970\ 5$　　$R_{Adj}^2 = 0.941\ 0$　　$R_{Pred}^2 = 0.848\ 3$　　$R_{Adeq}^2 = 18.611$

　　响应面三维图和等高线图不仅可以解释自变量之间的相互作用,而且可以反映变量间相互作用。通过观察曲面的倾斜度确定两者对响应值的影响程度,倾斜度越高,即坡度越陡,说明两者交互作用越显著。因素 A、B、C 和 D 对猴头菇素肉干感官评价分值的影响如图 5-6 所示,四因素之间的交互曲面均具有较大的倾斜度,说明两两因素之间对猴头菇素肉干感官评价分值的影响较大。曲面图结果与表 5-5 方差分析结果相符合($P < 0.01$)。因此,根据拟合方程和方差分析结果可得反应变量的最优提取条件:A 为 2.5%、B 为 2%、C 为 0.6%、D 为 3.5%。为了证实预测值的准确性,在最优条件下进行验证实验,得到猴头菇素肉干的感官评价分值为 97.108 分($n = 3$),与预测值 97.15 非常接近,说明模型预测良好,可用于猴头菇素肉干的产品的感官评定过程。

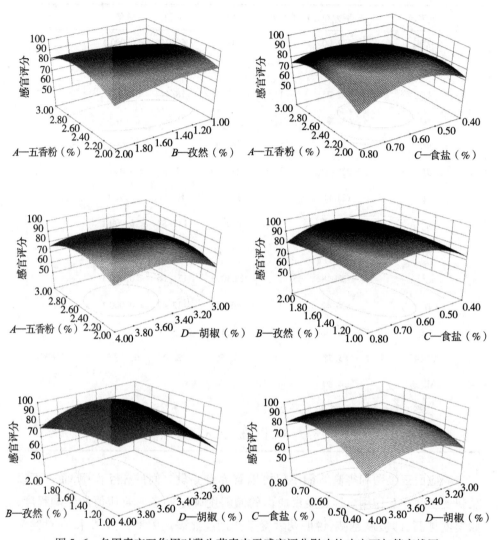

图5-6 各因素交互作用对猴头菇素肉干感官评分影响的响应面与等高线图

5.2.4 最优组合验证结果

以最优组合五香粉2.5%、孜然2%、食盐0.6%、胡椒3.5%进行猴头菇素肉干的制作试验,感官评价得分平均分为97.108分,比响应面试验中任一组得分都要高,证明最优组合是合理的。产品见图5-7。

图 5-7 猴头菇素肉干产品图

5.3 本章结论

猴头菇素肉干的最佳配方为五香粉 2.5%、孜然 2%、胡椒 3.5%、食盐 0.6%、白糖 2%。采用热风微波组合干燥方式,干燥 100 min。此条件下制成的猴头菇素肉干色泽棕黄,大小均匀,甜咸适中,香气明显,口感酥脆。

第6章 不同工艺条件对猴头菇素肉干品质的影响

目前,市售的猴头菇产品主要有猴头菇菌片、猴头菌补酒、胃宁乐、罐头、肉松等,以猴头菇为主料,配以孜然、白砂糖等辅料,制作出具有肉的组织状态和风味、不含胆固醇、营养丰富的猴头菇素肉干,深受人们喜爱。但不同的加工工艺参数对产品质量有一定影响,致使猴头菇素肉干产品的品质差异较大。研究猴头菇素肉干的加工制作工艺参数对产品品质的影响,确定猴头菇素肉干的感官品质、理化指标等随加工工艺的变化而发生的变化情况,确定最适的制作猴头菇素肉干的工艺操作方法,可为猴头菇深加工企业制作质量上乘的猴头菇素肉干产品、保证产品品质提供工艺参考。

6.1 材料与方法

6.1.1 试验材料与仪器

6.1.1.1 原材料

猴头菇干品、绵白糖、花椒粉、孜然粉、姜粉、十三香、料酒、酱油、醋、味精、蚝油、加碘精制食盐、大豆油,市售;牛肉精粉,青岛瑞可莱餐饮配料有限公司;炼乳,青岛雀巢有限公司。

6.1.1.2 试验仪器

DZF-6210 真空干燥箱,上海一恒科技有限公司;DHG-9245A 电热鼓风干燥箱,上海一恒科学仪器有限公司;RT-500 便携式表面色度计,上海兆茗电子科技有限公司;CT3 质构仪,美国 BROOKFIELD 公司;BNI-A 电子天平称,福州 Kerndy;DZ-280/2SD 真空包装机,昌瑞商业贸易有限公司;C21-RH2112 多功能电磁炉,广东美的生活电器制造有限公司。

6.1.2　猴头菇素肉干的制作方法

6.1.2.1　工艺流程

猴头菇干品→挑选→泡发脱苦→切片→拌料腌制→炒制→干制→刷炼乳→再干燥→包装→灭菌→猴头菇素肉干

6.1.2.2　操作要点

挑选无褐变、无虫害、大小适中、个体均匀一致猴头菇干品,用水冲洗,除掉表面杂物。将清洗干净的猴头菇干品按照试验设计方法进行泡发以及脱苦处理,捞出挤干水分,冷却至室温后切成长 30 mm、宽 10 mm、厚 5 mm 的薄片,加入腌制液及所有辅料,搅拌均匀,真空或常压腌制一定时间。将腌制好的猴头菇放入热油锅中煸炒,使其初步成熟。将炒好的猴头菇置入干燥箱,设置指定温度进行干制处理。待半干时取出,表面喷刷炼乳后继续干燥,直至猴头菇软硬适当后取出,冷却至室温,真空包装后巴氏灭菌,冷却至室温后即为成品猴头菇素肉干。

6.1.3　加工工艺对猴头菇素肉干品质的影响研究

6.1.3.1　泡发脱苦工艺的不同操作对猴头菇素肉干品质的影响研究

猴头菇干品的泡发时间、泡发温度对其加工成猴头菇素肉干的组织状态、口感、滋味都有重要影响。试验操作时泡发时间分别设置为 10 h、8 h、6 h、4 h 和 2 h,对应的将泡发温度分别设置为 40℃、50℃、60℃、70℃和 80℃,记作处理 1、处理 2、处理 3、处理 4 和处理 5。对泡发后制作出的猴头菇素肉干产品进行色泽、口感、组织状态等方面的感官评分,分析不同泡发时间和泡发温度对猴头菇素肉干品质的影响。

确定合适的泡发时间和泡发温度后再进行泡发溶液合适盐浓度探索试验。分别进行 0%、0.2%、0.4%、0.6% 和 0.8%5 个不同食盐浓度的泡发试验,对产品猴头菇素肉干进行气味、口感等方面的评价,分析不同盐浓度对猴头菇素肉干品质的影响。

6.1.3.2　不同腌制工艺对猴头菇素肉干品质的影响研究

分别进行常压腌制和减压腌制试验。常压腌制时将拌料均匀的猴头菇于常温常压下静置 90 min。减压腌制时将拌料均匀的猴头菇分别于压力为 0.01 kPa、0.03 kPa、0.05 kPa、0.07 kPa 和 0.09 kPa 下静置 30 min、45 min、60 min、75 min 和 90 min。对成品猴头菇素肉干进行感官评价,探讨不同腌制工艺对猴头菇素肉干产品品质产生的影响。

6.1.3.3 不同炒制工艺对猴头菇素肉干品质的影响研究

煸炒是在烹调中应用较多的一种初步熟处理方法,对提高菜肴的感官性状有着较为重要的作用。一般情况下,原料含水量较高应用旺火,含水量较低应用中小火,而腌制后的猴头菇含水量偏低,应用中小火煸炒。试验设计的煸炒温度为100℃,煸炒时间分别为 1 min、2 min、3 min、4 min 和 5 min。对猴头菇素肉干进行感官评分,以此来分析不同炒制工艺对猴头菇素肉干品质的影响。

6.1.3.4 不同干制工艺对猴头菇素肉干品质的影响研究

猴头菇的烘干时间与烘干温度对猴头菇素肉干产品的色泽、口感、组织状态都有重要影响。分别设置干制温度为80℃、90℃、100℃、110℃和120℃,对应的烘干时间分别设置为 90 min、75 min、60 min、45 min 和 30 min。对成品猴头菇素肉干进行物性参数指标测定和色泽的测定,并对其进行感官评分,综合分析确定不同干制工艺对猴头菇素肉干产品品质的影响。

6.1.3.5 不同刷炼乳工艺对猴头菇素肉干品质的影响研究

选择的炼乳的脂肪含量为7%,总固形物含量为40%,偏黏,不易进行喷刷处理。为方便操作,使用时将炼乳稀释 1 倍,然后分别按2%、4%、6%、8%和10%的比例对猴头菇素肉干半成品进行刷炼乳操作,对照组猴头菇素肉干半成品不进行刷炼乳处理。对处理后的成品猴头菇素肉干的色泽、感官品质进行测定及评价,综合分析刷炼乳对猴头菇素肉干产品品质的影响。

6.1.4 猴头菇素肉干产品质量评价方法

6.1.4.1 感官评价方法

选取 10 位身体健康、经验丰富的品评员,随机呈送带有编号的样品,依表6-1确定的评分标准对不同工艺制作出的猴头菇素肉干进行品评和打分,取平均分作为产品感官评定依据。

表6-1 猴头菇素肉干感官评分标准

项目	一级	二级	三级
色泽 (20分)	颜色呈金黄色或褐黄色,有光泽,色泽均匀一致(14~20分)	颜色稍淡,或稍深,色泽基本一致(7~13分)	颜色很淡或很深,色泽较不一致(0~6分)

续表

项目	一级	二级	三级
组织状态（20分）	片形完整；组织松散适中、细腻，软而不烂；质地均匀、紧密（14~20分）	片形较完整；组织松散较适中、细腻，软而；质地较均匀、紧密（7~13分）	片形残缺较严重，组织过于紧密或松散，质地不均匀（0~6分）
气味（20分）	具有猴头菇特有的香气，无异味（14~20分）	具有猴头菇特有的香气，略有苦味（7~13分）	具有猴头菇特有的香气，有苦味（0~6分）
口感（20分）	咀嚼度适宜，硬度适中（14~20分）	咬劲略大，不易咀嚼；硬度较大，适口性较差（7~13分）	软烂无咬劲；硬度过大，难以接受（0~6分）
滋味（20分）	滋味饱满，丰厚悠长，咸甜适中，回味鲜美（14~20分）	滋味较饱满，风味较好，有回味（7~13分）	滋味单薄，无回味；味道过重，难以接受（7~13分）
总分	91~100分	81~90分	≤80分

6.1.4.2　产品色度测定方法

色差仪是一种极为精密的电子仪器，它能分辨不同颜色，可以检测出样品颜色的 L、a、b 值，根据所测的 L、a、b 值可以判断不同颜色的差别。

食品色泽测定最古老的目视法受很多因素的影响，准确性较差。色差计通过测量三刺激值来确定物质的颜色，将其应用于食品领域，具有测量速度快、价廉且具有一定精度的优点。

利用色差仪对产品的 L（明度）、a（红度）、b（黄度）进行测定。每个样品经测定 1 次后，分别顺时针旋转 3 次，每次 90°，再各测 1 次。重复测定 3 次后，取其平均值作为测定结果。

6.1.4.3　产品质构测定方法

利用质构仪分别对组织状态均匀一致、大小相同的猴头菇素肉干的硬度、弹性、内聚性、咀嚼性物性指标进行测定。采用 TA11 圆柱型平底探头，具体 TPA 测试条件为测前速率 2.0 mm/s、测试速率 1.0 mm/s、测后速率为 5.0 mm/s、压缩程度设为 50%、停留间隔 2 s、压迫强度为 5 g。

6.2　结果与分析

6.2.1　不同泡发工艺对猴头菇素肉干品质的影响情况

不同泡发温度、不同泡发时间处理后的猴头菇素肉干的感官评分情况见图 6-1。

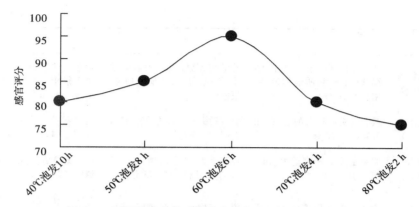

图 6-1　不同泡发工艺下的猴头菇素肉干的组织状态评分

由图 6-1 可知,随着泡发温度的升高,猴头菇素肉干产品的组织状态评分呈现先上升后下降的趋势;泡发温度在 60℃ 以下、泡发时间在 6 h 以上时,感官评分呈现上升趋势,在此区间内,泡发时间充足,温度的上升加速了水分在菇体内的扩散速度,猴头菇由硬变软速度加快,组织状态渐佳,咀嚼性适中。泡发温度在 60℃ 以上、泡发时间在 6 h 以下时,感官评分呈现下降趋势。在此区间内,泡发时间减少,泡发温度过高,导致猴头菇中蛋白质变性,组织状态过于软烂,咀嚼感较差。在泡发温度为 60℃、泡发时间为 6 h 时感官评分最高,在此基础上,考虑到实际因素,将泡发时间下调至 4 h 进行试验,猴头菇的组织状态完好,咀嚼性适中,综合考虑,选择泡发温度为 60℃、泡发时间为 4 h,作为最佳泡发工艺参数,在此条件下制得的猴头菇组织状态完好,咀嚼性适中。

对猴头菇进行泡发处理并不能减弱苦味,试验设计在泡发温度为 60℃、泡发时间为 4 h 下进行试验,通过改变盐浓度来进行猴头菇的滋味评分,结果见图 6-2。

由图 6-2 可知,随盐浓度的上升,感官评分呈先上升后下降的趋势,盐浓度在 0%~0.2% 区间内时,感官评分上升,且在盐浓度为 0.2% 时评分最高。实际操作时发现,泡发时加入一定量的食盐对改善猴头菇风味起到积极作用,可使猴头菇的苦味明显变淡。在盐浓度 0.4%~0.8% 时感官评分下降,这是由于在此浓度下咸味越来越重,逐渐超出人们的承受范围。选取盐浓度为 0.2%,猴头菇苦味不易觉察,且咸味也很淡,成品口感较好。

6.2.2　不同腌制工艺对猴头菇素肉干品质的影响情况

按照试验设计的调料配比进行拌料,在负压条件下进行腌制,不同工艺参数下的产品感官评分结果如图 6-3 所示。

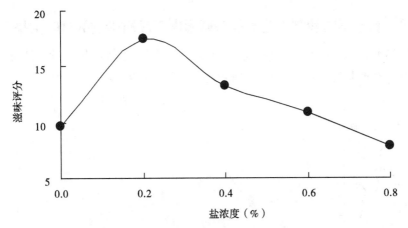

图 6-2　不同盐浓度下的猴头菇素肉干滋味评分

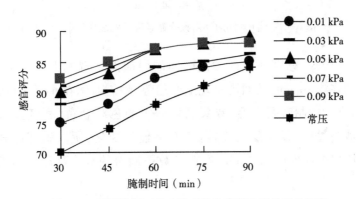

图 6-3　不同腌制工艺参数对猴头菇素肉干品质的影响

由图 6-3 可知,不同腌制压力下的感官评分均随腌制时间的延长而上升;随真空度的提高,感官评分的增加程度不断减缓;真空度在 0.05 kPa 以下时,腌制时间在 30~75 min 区间内变化明显,在 75~90 min 区间变化不明显。这是由于腌制时间在 60~75 min 时已经可以使调味料充分浸润,所以感官评分变化不明显;而在真空度为 0.05 kPa 以上时,在腌制时间在 30~45 min 区间内变化明显,在 45~90 min 区间内变化不明显,这是由于当真空度较高时 45 min 左右就可以使调味料充分浸润,所以感官评分不明显。常压腌制在同等时间下效果不及真空腌制,综合分析,0.05 kPa 下腌制 60 min 能使猴头菇能充分吸收调料的风味,腌制效果最佳。

6.2.3 确定不同炒制工艺对猴头菇素肉干品质影响的试验结果

依据猴头菇的本身特点将炒制温度设置为100℃进行试验,在确定炒制温度的情况下对炒制时间进行改变,感官评分的结果如图6-4。

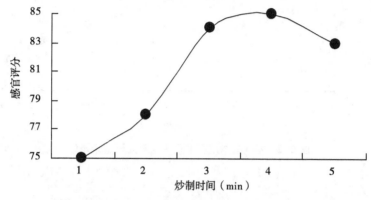

图6-4 不同炒制时间对猴头菇素肉干的品质影响

由图6-4可知,感官评分随炒制时间的增加而呈现先上升后下降的趋势,炒制时间在1~4 min区间内呈现上升趋势,炒制时间在4~5 min区间内呈现下降趋势。炒制时间充足,猴头菇素肉干的色泽金黄,香气宜人,脆性也较好,但炒制过度,发生颜色变深、口感不佳等变化,所以感官评分变低。综合分析,选取炒制时间为4 min,在此参数下制得的猴头菇产品颜色适中,口感良好。

6.2.4 确定不同干制工艺对猴头菇素肉干品质影响的试验结果

对猴头菇素肉干半成品进行不同干制工艺参数的试验,选取高温短时、低温长时间的工艺参数进行试验,对猴头菇素肉干的物性指标硬度、弹力、内聚性、咀嚼性进行测定,并对其进行感官评分,结果见表6-2。

表6-2 不同干制工艺参数对猴头菇素肉干的品质影响

处理方式	指 标				
	硬度(g)	弹力	内聚性	咀嚼性(mJ)	感官评分
80℃/90 min	2 192.00	0.17	0.632	29.74	88
90℃/75 min	1 772.00	0.23	0.687	27.20	85
100℃/60 min	1 489.50	0.28	0.710	24.74	83

处理方式	指　标				
	硬度（g）	弹力	内聚性	咀嚼性（mJ）	感官评分
110℃/45 min	1 121.50	0.34	0.755	20.11	80
120℃/30 min	792.50	0.37	0.830	15.48	78

由表 6-2 可知，随干制温度升高，产品的硬度、咀嚼性呈现逐渐下降的趋势，弹力、内聚性呈现逐渐上升的趋势，而感官评分逐渐降低。试验研究发现，干制温度越高，猴头菇素肉干表面硬化越快，导致内部水分散失困难，产品内外质地差异越显著，所以硬度、咀嚼性逐渐下降，弹力、内聚性逐渐上升。产品的硬度、咀嚼性越高，感官评分越高，适口性越好。综合分析，在确定的猴头菇素肉干制作工艺条件下，采用 80℃下鼓风干燥 90 min 的干制方法，产品具有较好的适口性。

6.2.5　确定不同刷炼乳工艺对猴头菇素肉干品质影响的试验结果

对猴头菇素肉干半成品进行不同喷刷炼乳工艺参数的试验，选取 0%、2%、4%、6%、8% 和 10% 的喷刷炼乳工艺参数进行试验，对猴头菇的物性指标硬度、弹力、内聚性、咀嚼性进行测定，对猴头菇素肉干的色泽指标进行测定，并对其进行感官评分，结果见表 6-3。

表 6-3　刷炼乳对猴头菇素肉干品质的影响

处理方式	指　标							
	硬度（g）	弹力	内聚性	L^*	C^*	H°	咀嚼性（mJ）	平均感官评分
0%炼乳	7 710.00	0.23	0.59	28.40	21.34	59.46	99.40	80
2%炼乳	3 186.00	0.39	0.88	33.58	22.96	61.12	109.34	86
4%炼乳	2 524.50	0.45	1.17	37.26	24.57	63.08	132.88	90
6%炼乳	1 902.50	0.54	1.43	40.75	25.26	64.72	146.87	95
8%炼乳	1 642.00	0.47	1.69	44.83	27.64	66.85	130.42	89
10%炼乳	1 382.00	0.42	1.86	50.07	29.55	68.23	107.96	85

由表 6-3 可知，刷炼乳可改善猴头菇素肉干的质构特性和感官品质。随着炼乳用量的增加，猴头菇素肉干产品的弹力、内聚性、色度值呈上升趋势；硬度呈下降趋势；咀嚼性和感官评分呈先上升后下降的趋势。这是由于炼乳具有一定

的脂肪和碳水化合物含量,用量越大,产品中的脂肪含量和总糖含量越高,导致产品的含水量增加,故产品会变软,韧性会增强,导致硬度下降、弹力和内聚性上升。由于干燥温度不高,产品表面的焦糖化作用和美拉德反应发生的程度较低,而炼乳呈乳白色,故产品的色泽变化与炼乳的用量密切相关。炼乳用量越大,产品越白,故产品的明度、黄度和红度均随之增大。经以上分析可知,猴头菇素肉干产品表面喷刷 6%炼乳可使猴头菇素肉干成品的口感得到明显改善,使之更加适口。

6.3　本章结论

　　不同的猴头菇素肉干制作工艺对产品的品质有一定影响。泡发工艺参数直接影响产品的咀嚼性和是否具有苦味;腌制工艺的操作参数直接影响产品内外风味的一致性;炒制工艺操作参数影响产品的色泽和口感;干制工艺参数影响产品的硬度、咀嚼性、弹力和内聚性;猴头菇素肉干产品表面喷刷炼乳可明显改善产品的口感,使之软硬适当,弹性和内聚性适中,使产品感官性状明显提升。选择 60℃、0.2%的食盐溶液泡发猴头菇原料 4 h、拌料后于 0.05 kPa 的真空度下腌制 60 min、中火炒制 4 min、80℃下鼓风干燥 90 min、表面喷刷 6%炼乳等合适的工艺参数能制作出口感、质地、风味、色泽等性状更加怡人的猴头菇素肉干产品。

第7章　研究结论与展望

7.1　研究结论

（1）通过接菌试验表明，猴头菇采后的褐变与其表面的微生物关系不大，微生物并非引起猴头菇褐变的直接原因，而是随着猴头菇的衰老，机体抵抗力下降，引起微生物滋生。

（2）猴头菇贮藏期间总酚含量与褐变度两者变化呈极显著负相关，还原糖、维生素 C 含量与褐变度的变化相关性不大，表明猴头菇褐变主要是由酚的酶促褐变引起，参与催化猴头菇褐变的主要酶是 PPO，而 CAT、SOD 和 POD 活性在猴头菇的褐变过程中主要起保护膜系统、延缓衰老的作用。

（3）猴头菇在贮藏保鲜过程中的褐变与贮藏温度密切相关，贮藏温度高于 1℃时，猴头菇的褐变度随温度的升高而逐渐增大，并且温度越高，猴头菇越易发生菌刺伸长现象。重复试验并经实际验证，猴头菇最适贮藏温度为（1±0.5）℃。

（4）与无包装相比，采用适当的包装可以有效抑制猴头菇在贮藏期间的水分散失，减缓猴头菇因失水产生的褐变，而采用更易阻隔 O_2 和 CO_2 的塑料盒密封包装，猴头菇在贮藏后期的褐变明显低于其他包装组。

（5）猴头菇在贮藏保鲜过程中的褐变与贮藏环境的气体条件有很大关系，O_2 浓度为 6%、CO_2 浓度为 15%能有效减缓猴头菇褐变，抑制其相关酶的活性。贮藏前先用 0.01%焦亚硫酸钠水溶液淋洗，再用 0.1%焦亚硫酸钠水溶液浸泡 30 min。

（6）猴头菇素肉干的最佳配方：五香粉 2.5%、孜然 2%、胡椒 3.5%、食盐：0.6%、白糖 2%。采用热风微波组合干燥方式，干燥 100 min。此条件下制成的猴头菇素肉干色泽棕黄，大小均匀，甜咸适中，香气明显，口感酥脆。

7.2　创新点

（1）初步探讨了猴头菇褐变的原因。

（2）较系统地研究了多种包装方式、喷涂方式和 MAP 贮藏对猴头菇贮藏保鲜效果的影响。

（3）研究形成了猴头菇素肉干制作方法。

7.3　研究展望

为进一步延长猴头菇的贮藏保鲜时间，扩大其商品流通性。在后期研究中有必要对以下问题做进一步的研究。

（1）研究适合猴头菇运输的方法，减少其贮藏前受到机械损伤。建立猴头菇适合冷链流通的商业化采后处理系统。

（2）进一步研究猴头菇的褐变机理，确定其褐变底物，以寻求简单且有效的抑制其褐变的贮藏方法。

（3）从强度、耐寒性、渗透性、透气和透湿等方面综合考虑，加强对其他新型包装材料的选择研究，开发高阻隔性的适宜新鲜食用菌气调包装的特殊透气性材料。

（4）开发猴头菇素肉干其他风味产品和其他品系产品。近年来，随着人们对健康的重视，越来越多的学者开始对酵素进行研究。酵素是通过益生菌发酵一种或多种新鲜蔬菜、水果、菌菇、中草药等得到的一种功能性保健食品。酵素在调节人体健康方面具有重要作用，如促进人体新陈代谢、促进血液循环、促进胃肠道的消化、调节人体酸碱平衡、抗氧化等。将猴头菇与酵素结合起来进行功能性食品开发，是一种极具价值的开发思路。

（5）加深校企合作，促进猴头菇产品转化。现有猴头菇加工产品项目较多，但成果转化率较低，除了猴头菇饼干、猴头菇饮料、猴头菇米稀等直接面向市场外，大多数项目还未转化为成果。因此，在重视猴头菇基础研究的同时，还应进一步加强猴头菇保健产品的开发研究，丰富猴头菇保健产品种类，提高产品附加值。应加强校企之间的合作，做好猴头菇加工产品技术成果转化工作，加快猴头菇产业化发展，提高猴头菇资源的利用率。

参考文献

[1]于成功,徐肇敏,祝其凯,等.猴头菌对实验大鼠胃粘膜保护作用的研究[J].胃肠医学,1999(4):93-96.

[2]张绪东,包海花,念红,等.猴头菇浓缩液对小鼠运动性疲劳的影响[J].牡丹江医学院学报,1999,20(1):1-2.

[3]邹波.果蔬加工过程中的褐变及护色措施[J].黔东南民族职业技术学院学报(综合版),2008(3):16-19.

[4]蒋跃明.荔枝果实财后果皮褐变的研究[D].广州:中山大学,1999.

[5]杜传来.慈姑贮藏中褐变的相关生理生化变化及酶促褐变机理研究[D].南京:南京农业大学,2006.

[6]王璋.食品酶学[M].北京:中国轻工业出版社,1990.

[7]权俊萍,闻洁,李荣,等.月季鲜切花瓶插衰老过程中保护酶活性和脂质过氧化水平初探[J].石河子大学学报(自然科学版),2001,1:30-32.

[8]冯彤,黄小丹.草菇多酚氧化酶及过氧化物酶活性的抑制研究[J].仲恺农业技术学院学报,2000,13(2):14-17.

[9]陈彦,高居易.凤尾菇贮藏时乙烯、酚类物质以及主要氧化酶活性的变化[J].上海交通大学学报(农业科学版),1998,20(3):252-257.

[10]王新风,潘磊,孙惠玲,等.不同温度贮藏对秀珍菇 SOD 和 POD 活性的影响[J].淮阴师范学院学报(自然科学版),2005,4(4):323-325.

[11]杜传来,郁志芳,董炳发.鲜切慈姑酶促褐变底物的分析确定[J].食品与发酵工业,2006,32(2):46-49.

[12]关军锋.采后鸭梨果肉和果心中氧化酶活性与过氧化物含量的变化(简报)[J].植物生理学通讯,1984,30(2):91-93.

[13]吕作舟.食用菌保鲜与加工[M].广州:广东科技出版社,2002.

[14]刘道宏.果蔬采后生理[M].北京:中国农业出版社,1997.

[15]上官舟建.双孢蘑菇的保鲜研究[J].中国农学通报,1994,10(2):27-30.

[16]孔祥君,王泽生.中国蘑菇生产[M].北京:中国农业出版社,2000.

[17] 程丹. 猴头菇褐变原因及其保藏技术研究[D]. 福州：福建农林大学，2013.

[18] 秦俊哲，吕嘉枥. 食用菌贮藏保鲜与加工新技术[M]. 北京：化学工业出版社，2003.

[19] 王军辉，查学强，罗建平，等. 干旱胁迫对玉米幼苗脂质过氧化作用及保护酶活性的影响[J]. 安徽农业科学，2006(15)：12-13.

[20] 杨淑慎，高俊凤. 活性氧、自由基与植物的衰老[J]. 西北植物学报，2001，21(2)：215-220.

[21] 周春华，刘红霞，韦军. 活性氧与果实成熟衰老[J]. 上海交通大学学报，2002，20(1)：77-84.

[22] 柯德森，王爱国，罗广华. 活性氧在外源乙烯诱导内源乙烯产生过程中的作用[J]. 植物生理学报，1997，23(1)：67-72.

[23] 王兆山，唐秀丽. 双孢蘑菇的保鲜技术[J]. 蔬菜，2001(1)：19.

[24] 赵彦丽，张华云，修德仁，等. 葡萄采后生理研究进展[J]. 保鲜与加工，2004，21(2)：79.

[25] 朱金华，宋智. 双孢蘑菇保鲜技术的研究[J]. 河北农业技术师范学院学报，1992，6(3)：57-63.

[26] 郑永华，席芳. 蘑菇护色与气调贮藏的初步研究[J]. 浙江农业大学学报，1994，20(2)：165-168.

[27] 苏云中，陈声武，陈款阔，等. 蘑菇保鲜技术应用研究[J]. 中国食用菌，1998，10(5)：37-38.

[28] 李桂峰，赵国建. 蘑菇贮藏保鲜技术[J]. 农业科技通讯，2000(8)：31.

[29] 魏启建，马广存. 蘑菇的辐射保鲜[J]. 江苏食用菌，1990(6)，22-26.

[30] 刘超. 双胞蘑菇辐照保鲜研究[J]. 安徽农业科学，2002，30(6)：848-850.

[31] 杨晓宇. 大豆组织蛋白素食品的开发研究[D]. 哈尔滨：东北农业大学，2005.

[32] 雷叶斯，杨巨鹏，谢依霖，等. 素肉松产品贮藏特性的研究[J]. 农产品加工，2017(9)：5-10.

[33] 丁志义. 素肉与素肉干产品分析[J]. 中国食品添加剂，2019(10)：203-205.

[34] 蒋华彬. 小麦蛋白高水分挤压组织化特性研究[D]. 哈尔滨：东北农业大学，2017.

[35] 郑鹏飞，高云，吴金龙，等. 传统方便面中大豆组织蛋白素食牛肉粒的研制[J]. 粮食与油脂，2018，31(7)：56-58.

[36] 梁歧,侯建设,张鸣镝,等.温度、水份对大豆组织化蛋白物理性能的影响
[J].食品科学,2000,21(12):39-40.

[37] 肖文静.猴头菇栽培技术[J].中国林副特产,2014(4):64-65.

[38] 皇甫永冠,闫宝松.猴头菇的营养功效及在食品加工中的应用[J].食用菌,
2016(2):7-9.

[39] 张宝翠,刘晓鹏,朱玉昌,等.猴头菇的研究进展[J].食品安全质量检测学
报,2019,10(8):2285-2292.

[40] 徐项益,楼程勤.慢性萎缩性胃炎的临床治疗体会[J].世界最新医学信息文
摘,2018,18(4):72,77.

[41] 王茜,谢家骏,张英华,等.猴头菌片对大鼠急性酒精性胃黏膜损伤的保护作
用及其机制[J].中成药,2017,39(12):2454-2461.

[42] 李洁莉,陆玓,陈坤,等.猴头菌及其药物制品腺苷等药效成分分析[J].中国
食用菌,2002(3):32-34.

[43] 黄茜,杨湛南,李雅然,等.猴头健胃灵联合莫沙必利治疗老年人功能性消化
不良的临床观察[J].现代消化及介入诊疗,2014,19(2):117-119.

[44] 郑绍军.思连康联合谓葆在治疗小儿肠系膜淋巴结炎的临床应用[J].中国
医药科学,2013,3(13):63-64.

[45] 胡晖宇.猴头菇饼干制作工艺优化及其贮藏时间对质构的影响[D].南昌:
南昌大学,2015.

[46] 沈子林.猴头菇麦饭石母子酱油的营养和功能性探讨[J].江苏调味副食品,
2004(2):9-11.

[47] 杨洋,姜雪,庞惟俏,等.即食猴头菇猪排骨罐头的研制[J].保鲜与加工,
2018,18(1):99-106.

[48] 段丹,陈绍军,张宇,等.猴头菇添加量对挂面品质的影响[J].农产品加工,
2018,4(7):40-43.

[49] 王利丽,郭红光,王青龙,等.鲜猴头菌口服液益智保健功效制步研究[J].菌
物学报,2011,30(1):85-91.

[50] 陈善玲.猴头菇胃肠保健口服液对 HAART 药物所致胃肠道反应 50 例疗效
观察[J].中医临床研究,2016,8(31):125-127.

[51] 王广耀,慈钊.猴头菇保健醋的生产工艺[J].中国调味品,2009,34(6):
76,79.

[52] 朱维红,苗晓燕,张筱梅.猴头保健酸奶研制及其相关因子研究[J].食品研

究与开发,2012,33(4):93-95,99.

[53]李志满,李珊珊,陈丽雪,等.猴头养胃颗粒对急性胃粘膜损伤的保护作用[J].特产研究,2018,40(4):31-34,42.

[54]张肇富.蘑菇的细孔隙包装保鲜更佳[J].湖南包装,2000,(2):39.

[55]吴靖娜.鸡腿菇保鲜机理及保鲜技术研究[D].福州:福建农林大学,2008.

[56]张少颖.一氧化氮对双孢蘑菇采后生理及贮藏品质的影响[J].中国农学通报,2010,26(12):40-44.

[57]王娟,王相友,李霞.低温气调贮藏下氧气含量对双孢蘑菇品质的影响[J].农业机械学报,2010,41(4):110-113.

[58]朱继英,王相友,许英超.贮藏温度对双孢蘑菇采后生理和品质的影响[J].农业机械学报,2005,36(11):92-94.

[59]张瑞颖,胡丹丹,左雪梅,等.平菇和双孢蘑菇细菌性褐斑病研究进展[J].中国学术期刊文摘,2008,14(8):1-2.

[60]段颖,耿胜荣,韩永斌,等.蘑菇保鲜剂的筛选及保鲜效果[J].食品与发酵工业,2004,30(5):143-145.

[61]陈蔚辉,张福平.番荔枝采后贮藏期间的生理变化[J].植物生理学通讯,2000,36(2):114-116.

[62]赵凯,许鹏举,谷广烨.3,5-二硝基水杨酸比色法测定还原糖含量的研究[J].食品科学,2008,29(8):534-536.

[63]邹琦.植物生理学实验指导[M].北京:中国农业出版社,2000.

[64]周祖富,黎兆安.植物生理学实验指导[M].广西:广西大学出版社,2005.

[65]刘萍,李明军.植物生理学实验技术[M].北京:科学出版社,2007.

[66]曹建康,姜微波,赵玉梅.果蔬采后生理生化实验指导[M].北京:中国轻工业出版社,2007.

[67]王晶英,敖红.植物生理生化实验技术与原理[M].沈阳:东北林业大学出版社,2003.

[68]陈昆松.于梁鸭梨果实气调贮藏过程中 CO_2 伤害机理初探[J].2001(5):90-96.

[69]王健,朱继英,王相友,等.双孢蘑菇酶促褐变特性及褐变的控制[J].食品科学,2011,32(20):318-322.

[70]尹田夫,王以芝.干旱对大豆下胚轴细胞质膜形态及透性的影响[J].作物学报,1987,13(4):310-313.

[71]林河通,陈绍军.橄榄果实采后生物学研究进展[J].福建农林大学学报, 2005,34(4):464-468.

[72]洪若豪.金针菇盐渍加工生产工艺及原理[J].浙江食用菌,1997,2:30-31.

[73]孔德政,刘晶晶.荷花花瓣衰老过程中的生理生化分析[J].河南农业科学, 2007(6):114-117.

[74]冯云霄.保护酶与果蔬成熟衰老的关系[J].保鲜与加工,2007,7(2): 11-13.

[75]林河通,席玙芳,陈绍军.果实贮藏期间的酶促褐变[J].福州大学学报, 2002,30:696-703.

[76]陈文军,洪启征.贮藏中荔枝果皮衰老与褐变的研究[J].园艺学报,1992, 19(3):227-232.

[77]郭永卫,韩漠.香水梨中多酚氧化酶活性的研究[J].烟台大学学报,2001, 14(4):310-312.

[78]周玉蝉,潘小平.采后低温诱导PPO活性升高的机理及其抑制途径[J].园 艺学报,1997,24(3):236-238.

[79]张学杰.马铃薯褐变机理及控制途径[J].中国马铃薯,2000,14(3): 158-161.

[80]华东师范大学生物系生物教研组.植物生理学实验实验指导[M].北京:人 民教育出版社,1980.

[81]王芳,丁祥,宋波,等.珍稀食药用真菌猴头菇寡聚糖的分离纯化及抗氧化活 性的研究[J].四川大学学报 2013,50(6):1339-1346.

[82]樊伟伟,黄惠华.猴头菇多糖研究进展[J].食品科学,2008,19(1): 355-358.

[83]罗珍,黄萍,郭重仪,等.猴头菇多糖增强免疫功能的实验研究[J].中国实 验方剂学杂志,2011,17(4):182-183.

[84]谭佳媛,王栩俊,王星丽,等.猴头菇的养生保健价值[J].食药用菌,2015,23 (3):188-193.

[85]陈斯凯.低温抑制猴头菇猴头菇褐变机制研究[D].福州:福建农林大 学,2015.

[86]张芳.影响双孢蘑菇褐变代谢机制研究[D].福州:福建农林大学,2012.

[87]姜天甲.主要食用菌采后品质劣变机理及调控技术研究[D].杭州:浙江大 学,2010.

[88]张晓聪.白色双孢蘑菇褐变机理及控制技术研究[D].福州:福建农林大学,2010.

[89]赖建平,罗军,江钧韶,等.猴头菇甜品罐头的研制与开发[J].四川食品与发酵,2000(4):29-31.

[90]赖建平,林金莺,周勇强,等.猴头菇咸汤罐头的研究[J].食用菌,2002,23(2):29-31.

[91]王延圣,翟反秋,郑筱光,等,食用菌蛋白质的应用前景及研究热点分析[J].食品工业科技,2019,40(10):339-344.

[92]高育哲,肖志刚,何梦宇,等.植物素肉的研究现状及趋势[J].粮食与饲料工业,2020(4):32-34.

[93]高观世,张陶,吴素蕊,等.食用菌蛋白质评价及品种间氨基酸互补性分析[J].中国食用菌,2012,31(1):35-38.

[94]陈浩,唐娟,唐金艳,等.休闲竹荪素肉的研制[J].农产品加工,2019(8):5-8.

[95]杨洋.三种猴头菇罐头的研制及生产车间设计[D].大庆:黑龙江八一农垦大学,2016.

[96]孔凡真.猴头菇脯加工[J].农产品加工,2003(4):28.

[97]李亚华.低糖猴头菇脯加工技术[J].农技服务,1994(6):28.

[98]陆功.猴头菇蜜饯的加工[J].农业知识,2005(11):36.

[99]孙红斌,刘梅森.猴头菇营养保健挂面的研制[J].食品工业,2000,21(5):5-6.

[100]陈军明.纯素肉脯加工工艺研究[J].肉类工业,2014(5):4-8.

[101]杨宇,方丝云,高嘉星,等.添加猴头菇粉对面团流变学特性及挂面品质的影响[J].粮食与油脂,2021,34(3):17-20.

[102]黄梓芮,潘雨阳,江小琴,等.响应面法优化猴头菇魔芋面条工艺配方[J].食品科技,2017,42(8):177-183.

[103]王谦,黄紫飘,宋倩,等.一种新型马铃薯猴头菇面包制备工艺初探[J].食品科技,2017,42(11):201-205.

[104]徐莉莉,高云胜,银晓.猴头菇高品质面包工艺参数优化研究[J].粮食与油脂,2021,34(1):35-38.

[105]吕斌.豆制品加工副产物豆渣为主要原料加工高膳食纤维素肉的研究[D].长春:吉林农业大学,2015.

[106]庄海宁,高林林,冯涛,等. 猴头菇/香菇 β-葡聚糖对面包品质和淀粉消化性的影响[J].食品工业科技,2017(4):152-157.

[107]陈梅香,魏俊杰,王岩.猴头菇蛋糕的研制[J].食用菌,2010(5):68-69.

[108]曹淼,贾君,化志秀,等.猴头菇海绵蛋糕的研制[J].食品研究与开发,2017(1):56-60.

[109]陈芙蓉,张岚,蔡祖明,等.休闲大豆素肉生产过程中 HACCP 质量管理体系的应用[J].食品工业,2016,37(11):94-96.

[110]高培栋,赵楠,关凯方,等.高湿挤压技术制作松粕复合素肉的工艺研究[J].食品工业科技,2017,38(5):258-263.

[111]刘志东,陈雪忠,黄洪亮,等.高湿挤技术的研究进展[J].食品工业科技,2012,33(7):424-426.

[112]刘仙金.电感耦合等离子体质谱法测定食用菌中的多种元素[J].现代商贸工业,2015,36(9):227-228.

[113]杜鹃,王琰.猴头菇中 7 种金属元素含量分析[J].微量元素与健康研究,2010,27(1):46-47.

[114]冯源.猴头菇的营养价值及在食品中的应用研究进展[J].现代农村科技,2019(4):105-106.

[115]张宗蕊,马昱,李爽,等.猴头菇的营养成分及保健制品开发研究进展[J].吉林医药学院学报,2019,40(4):297-300.

[116]郭梁,刘国强,徐伟良,等.猴头菇药用价值和产品开发的研究进展[J].食用菌,2018,40(6):1-4,13.

[117]吕国英,陈建飞,刘世柱,等.三种猴头菇不同生长阶段的营养成分分析[J].食药用菌,2019,27(3):177-179.

[118]文飞,赵敏,罗开源,等.猴头菇的功能特性及加工技术研究进展[J].江苏调味副食品,2020(1):4-7.

[119]姚哲源.猴头菇的养生价值及深加工[J].现代食品,2019(2):82-85.

[120]张微思,何容,李建英,等.猴头菇的营养药用价值及产品研究现状[J].食品与发酵科技,2018,54(1):104-108.

[121]袁尔东,黄敏,李良,等.猴头菇菌丝体/子实体多糖对胃黏膜的保护作用[J].中国食品学报,2020,20(11):71-78.

[122]黄越.猴头菇抗氧化活性成分的分离纯化及结构鉴定研究[D].广州:华南理工大学,2018.

［123］胡潇文.猴头菇成分及其生理活性的研究［D］.延吉:延边大学,2018.

［124］涂彩虹,罗小波,郑旗,等.猴头菇药用功效及安全性研究进展［J］.农产品加工,2019(1):61-65.

［125］黄良水.猴头菇的历史文化［J］.食药用菌,2018,26(1):54-56,60.

［126］王锋,刘晓鹏,王应玲,等.猴头菇菌丝体多糖的超声辅助提取工艺研究［J］.化学研究与应用,2020,32(11):1984-1990.

［127］张鹏,图力古尔,包海鹰.猴头菌属真菌化学成分及药理活性研究概述［J］.菌物研究,2011(1):54-62.

［128］韩兴鹏,张强,李洋洋,等.猴头菇药理活性及生物活性物质的研究进展［J］.食用菌,2018(1):1-5,8.

［129］吴平安,邓正春,杨宇.猴头菇富硒生产关键技术［J］.现代农业科技,2011(22):159-161.

［130］王饪涵,蒋殿欣,王黎荣.猴头菌胃黏附片对胃黏膜损伤保护作用的研究［J］.人参研究,2016,28(2):26-28.

［131］张建芳,王谦信,严宇仙.复方猴头颗粒预防抗结核化疗胃肠道不良反应45例临床观察［J］.中国中医药科技,2015,22(4):470.

［132］胡洪勇,李正修.猴头菌提取物颗粒治疗药物性胃56例临床疗效观察［J］.中国医药指南,2012,10(21):51-52.

［133］余静珠,朱勇,陈宏.猴头菌片联合莫沙比利治疗老年功能性消化不良［J］.中国现代医学杂志,2011,21(11):1436-1439.

［134］陈慧敏,李晓波.猴头菌片结合西药治疗胃癌根治术后消化不良临床观察［J］.上海中医药杂志,2009,43(3):23-25.

［135］张桶,谢字,唐小雪,等.不同形状猴头菇营养成分的比较分析［J］.核农学报,2018(10):1992-2001.

［136］刘又嘉,龙承星,贺路,等.四君茶与猴头菇健脾养胃的研究进展［J］.中国生态学杂志,2007,29(4):487-493.

［137］王晓瑞.猴头菇［J］.农村实用科技信息,2006(3):21.

［138］段旭彤,姜明,孙畅,等.猴头菇的用价值及其食用价值［J］.科技信息,2013(16):64-67.

［139］张雪岳.食用菌学［M］.重庆:重庆大学出版社,1988.

［140］庞小博.猴头菌等药用真菌中神经活性成分筛选、分离纯化及结构鉴定［D］.南京:南京农业大学,2008.

［141］张静,张家臣,高智席.猴头菇活性成分研究进展［J］.南方农业,2016,10（12）：186-188.

［142］具振瑶.猴头菌多糖对 S-180 荷瘤小鼠血清 IFN-y、TNF-a、IL-2、VEGF 的影响［D］.哈尔滨：黑龙江中医药大学,2013.

［143］邵梦茹.猴头菇多糖对胃肠黏膜保护作用的实验研究［D］.广州：广州中医药大学,2014.

［144］蔡佳佳,张岩,邢春玉,等.猴头菌麦角甾醇高产菌株选育及深层培养条件的优化［J］.食品安全导刊,2016（21）：119-123.

［145］何晋浙,沈强.猴头菌菌丝体萜类物质提取优化及抗氧化研究［J］.浙江工业大学学报,2016,44（3）：326-333.

［146］李书倩,辛广,张博,等.红蘑、猴头、香菇三种食用菌中脂肪酸的气相色谱-质谱分析［J］.食品工业科技,2012,33（8）：56-58.

［147］郑超群,陈地灵,何至意,等.猴菌中三种脂肪酸含量 HPLC-ELSD 测定方法的建立［J］.食用菌学报,2015,22（4）：65-69.

［148］宋明杰,罗靖,刘畅,等.超临界 CO_2 萃取猴头菌中脂肪酸的 GC-MS 分析［J］.食品科技,2016,41（4）：272-276.

［149］张岩.猴头菇化学成分的研究［D］.杨凌：西北农林科技大学,2016.

［150］崔芳源.猴头菇胞内胞外多糖的结构、抗化活性和保肝护肝能力分析［D］.泰安：山东农业大学,2016.

［151］杜金,胡静,隋玉龙.小刺猴头菌发酵浸膏寡糖对荷瘤小鼠免疫功能的影响［J］.菌物研究,2013,11（2）：116-119.

［152］周辉,刘畅,刘杨霖,等.猴头菌多糖 Lewis 肺癌荷瘤小鼠抑瘤作用及其机制研究［J］.湖南中医药大学学报,2017,37（12）：1320-1322.

［153］何晋浙,樊鹏,孙培龙.猴头菌素分离纯化、结构鉴定及体外活性研究［J］.核农学报,2018,32（2）：318-324.

［154］张红娟,贾楚翘,贾有青,李晓彤.猴头菇酚类物质的微波提取工艺研究［J］.食品工程,2017（4）：21-24.

［155］李望.猴头菌丝体多糖对小鼠溃疡性结肠炎的影响及其抗炎机制研究［D］.无锡：江南大学,2017.

［156］王明星,张艳秋,肖旭郎.基于 H_2O_2 诱 Caco-2 细胞模型的猴头菌多糖抗溃疡性结肠炎活性研究［J］.时珍国医国药,2017（10）：2355-2357.

［157］柳璐.猴头菇多糖对小鼠免疫调节作用的实验研究［D］.广州：广州中医药

大学,2012.

[158]李玉,李巧珍,吴迪,等.不同品种猴头菌子实体粗多糖含量及体外免疫活性比较[J].食用菌学报,2014,21(2):54-56.

[159]孟俊龙,田敏,冯翠萍.珊瑚状猴头菌营养成分及其多糖对小鼠免疫功能的影响[J].中国食品学报,2016,16(2):50-55.

[160]王家祯.小刺猴头发酵浸膏对草鱼免疫功及肠道菌群的影响[D].长春:吉林农业大学,2017.

[161]李彩金,杨炎,吴迪,等.超声降解对猴头菌多糖的理化性质及体外免疫活性的影响[J].食用菌学报,2017,24(4):44-49.

[162]张文,陈建伟,李祥.猴头菌粉提取物对2型糖尿病小鼠降血糖作用研究[J].中国实验方剂学杂志,2012,18(7):176-180.

[163]刘仙金.猴头菇中微量元素含量的测定[J].食药用菌,2018,26(4):253-255.

[164]陆武祥,王东华,王秀英,等.5种食用菌液体发酵菌丝抗氧化活性分析比较[J].食品与发酵工业,2013,39(7):124-12.

[165]徐艳,丁静,孙桂红,等.猴头菌丝多肽的制备及抗氧化活性研究[J].中国酿造,2014,33(6):91-95.

[166]聂继盛,祝寿芬.猴头多糖抗肿瘤及对免疫功能的影响[J].山西医药杂志,2003,32(2):107-109.

[167]崔玉海.猴头菌多糖的分离纯化及活性探讨[J].黑龙江医药科学,2004,27(4):18-21.

[168]王宁.猴头健胃灵治疗慢性胃炎53例临床疗效观察[J].中国药理与临床,1987(1):46-48.

[169]杜志强,任大明,葛超,等.猴头菌丝多糖降血糖作用研究[J].生物技术,2006,16(6):40-41.

[170]殷关英,申建和,陈琼华.猴头菇多糖和蛋白多糖的抗凝血和降血脂作用[J].中国生化药物杂志,1991,57(3):36-39.

[171]殷伟伟,张松.食药用真菌降血脂作用的研究与应用[J].菌物研究,2006,4(4):82-86.

[172]韩爱丽.珊瑚状猴头菌多糖降血胆固醇作用及机制的研究[D].太原:山西农业大学,2014.

[173]李兆兰,刘雪娴.真菌菌丝体与发酵液中氨基酸含量的分析与比较[J].南京大学学报,1987(3):442-451.

［174］范学工,周平.猴头菇口服液对胃上皮细胞的保护作用［J］.新消化病学杂志,1997(4):270.

［175］秦美蓉,李俊鹏,钟敏.猴头菇胃肠保健口服液对胃黏膜损伤的保护功能研究［J］.现代食品与药品杂志,2007,17(6):22-24.

［176］陆武祥,王东华,王秀英,等.5种食用菌液体发酵菌丝抗氧化活性分析比较［J］.食品与发酵工业,2013(7):124-127.

［177］路强强.猴头菌次生代谢产物及其生物活性研究［D］.杨凌:西北农林科技大学,2013.

［178］张楠,张照锋,李斌,等.不同干燥方式猴头菇营养成分比较［J］.北方园艺,2021(8):92-98.

［179］王则金,陈斯凯,邱万伟,等.低温贮藏抑制鲜猴头菇褐变机理研究［C］.福建省科协第十五届学术年会福建省制冷学会分会场—福建省制冷学会2015年学术年会(创新驱动发展)论文集,2015.

［180］杨洋,姜雪,庞惟俏,等.干猴头菇脱苦及泡发工艺的研究［J］.黑龙江八一农垦大学学报,2017(1):64-69.

［181］杨杰,赵淇,张乐,等.猴头菇多糖保健功效的研究进展［J］.农产品加工,2021(6):79-80,85.

［182］韩斌.猴头菇美容产品的研发与应用探讨［J］.赤峰学院学报,2019,35(4):45-46.

［183］涂彩虹,罗小波,郑旗,等.猴头菇生物活性成分研究进展［J］.农业与技术,2019,39(3):22-23.

［184］毛荣良,李珅,杨开,等.猴头菇维生素 D_2 纳米脂质体的制备与分析［J］.食药用菌,2020,28(6):440-445.

［185］周春晖,廖兵武,段迪,等.三种猴头菇口服液对大鼠胃黏膜损伤的保护作用研究［J］.食品工业科技,2020,41(14):270-275.

［186］斯琴图雅,倪靖斌,王强.猴头菇的 $^{60}Co-\gamma$ 射线辐照保鲜研究［J］.黑龙江科学,2016,7(20):1-3,9.

［187］刘慧,赵悦,尹红力,等.素肉大豆拉丝蛋白研究现状［J］.现代食品,2018(15):34-36.

［188］方芳,王风忠,董元元.素肉在食品工中的应用及前景［J］.核农学报,2012,26(3):449.

［189］靳智.大豆蛋白在仿生食品应用中的研究进展［J］.农产品加工,2015(4):

73-75.

[190]马宁.小麦组织化蛋白品质改良及应用研究[D].无锡:江南大学,2013.

[191]张鑫.东北猴头菇多糖的提取及其缓解体力疲劳功能的研究[D].长春:长春工业大学,2015.

[192]伍芳芳.猴头菇多糖的结构表征、免疫调节活性及其机理研究[D].广州:华南理工大学,2018.

[193]姜国银,周亚辉,高卫平,等.药渣栽培猴头菇氨基酸微量元素卫生指标检测分析[J].食用菌,1998,19(2):16.

[194]袁亚宏,岳田利,王云阳,等.猴头菇营养液提取工艺研究[J].中国食品学报,2005,18(2):75-80.

[195]白岚,樊金献.三种食用菌营养成分分析(简报)[J].河北科技师范学院学报,2008,21(1):78-80.

[196]仲启祥,朱锦福,刁治民.覃菌猴头菇的经济价值及开发应用[J].青海草业,2010,19(3):13-17.

[197]唐选训.联用黄连素、维酶素、猴菇菌治疗慢性萎缩性胃炎37例疗效观察[J].广西医学,1995,17(4):355-357.

[198]王宁,肖汉玺,徐仁莲,等."猴头健胃灵"治疗慢性胃炎53例临床疗效观察[J].中药药理与临床,1987,3(1):46-48.

[199]钱燕春,冯德云.维生素C防治肿瘤作用的研究进展[J].右江医学,2008,36(6):741-743.

[200]郝慧敏.猴头菇无蔗糖戚风蛋糕的研制[J].安徽农学通报,2021,27(9):117-119.

[201]马宁,陈雨婷,方东路,等.猴头菇—青稞预糊化粉的添加对桃酥品质的影响[J].食品科学,2020,41(20):46-53.

[202]刘琦.猴头菇压缩饼干研制及对小鼠运动耐力的影响[J].食品工业科技,2020,41(3):188-192,198.

[203]郑燕飞,李瑞琳,陈雪英,等.猴头菇韧性饼干配方工艺优化[J].粮食与油脂,2021,34(2):55-58.

[204]化志秀,曹森.猴头菇曲奇饼干的研制[J].粮食与油脂,2020,33(8):31-33.

[205]林嗣忠.运动能力与营养[J].体育科研,1998(1):24-25.

[206]邵伟,胡滨,刘世玲,等.发酵型猴头菇保健醋的研制[J].食用菌,2001,23(5):39-40.

[207]马龙.猴头菇醋酿造工艺的研究[J].中国酿造,2006(10):71-73.

[208]符伟玉,李尚德,莫丽儿,等.猴头菇微量元素含量的分析[J].广东微量元素科学,2002,8(6):65-67.

[209]韦玉芳.猴头菇香辣酱的生产技术[J].中国调味品,1997(5):23-26.

[210]王卫,郭晓强.猴头菇蛋黄酱加工技术[J].食用菌,2002,249(5):37.

[211]王腾飞,王吉,王志华,等.猴头菇调味酱加工工艺的研究[J].中国调味品,2020,45(8):83-86,91.

[212]耿吉,陈方鹏,苏夏青,等.响应面优化猴头菇牛肉酱加工工艺[J].中国调味品,2021,46(7):91-95.

[213]郭晓强,王卫,徐光域,等.猴头菇鸡茸酱的研制开发[J].成都大学学报(自然科学版),2002,21(3):36-39.

[214]赵凤臣,冯磊,吴洪军,等.香菇、猴头菇肉香型调味剂加工技术研究[J].中国林副特产,2007(5):10-11.

[215]曹军.猴头菇汽水做法[J].中国食品,1987(6):44.

[216]胡学辉,谢凡,房郁雯,等.一种具有 a-淀粉酶抑制活性复合功能饮料的研制[J].农产品加工,2016(9):11-15.

[217]殷金莲,游新勇.响应面法优化猴头菇多糖提取工艺及其饮料的制备[J].中国食品添加剂,2019(10):66-72.

[218]王谦,冯东东,黄飘,等.一种新型猴头发酵饮料的制备及其相关检测[J].食品科技,2017(4):101-104.

[219]张珺,喻婷,许浩翔,等.乳酸菌发酵刺梨-猴头菇饮料的工艺优化[J].现代食品科技,2020,36(11):202-211.

[220]童群义,宋云芳.猴头菇保健饮料研制[J].食品科学,1995,16(5):26-29.

[221]任文武,詹现璞,杨耀光,等.猴头菇饮料加工技术[J].农产品加工(学刊),2012,5(5):143-444.

[222]史振霞,时晓雨,刘向策.猴头菇草莓复合饮料的工艺研究[J].廊坊师范学院学报(自然科学版),2018(2):49-52,57.

[223]郝涤非,蒋利群.猴头菇葡萄汁保健饮料的研制[J].农产品加工,2011(1):73-75.

[224]张东升,徐淏,王红连,等.猴头菇复合饮品澄清工艺研究[J].食品工业科技,2011(7):233-236.

[225]王红连,张东升,徐淏,等.食用菌复合保健饮料的研制[J].安徽农业科学,

2010(34):19572-19574.

[226]郏广斌,姜小苓.猴头菇-黑木耳复合营养液(原浆)的制作方法[J].食用菌,2018,40(6):62,64.

[227]陶静,周涛,李春阳.酶法生产猴头菇饮料工艺研究[J].食品科技,2012(10):92-97.

[228]赵广河,利用双酶法制备猴头菇氨基酸营养液[J].南方农业学报,2012(10):1553-1557.

[229]孔祥辉,李定金,罗舒函,等.猴头菇山楂饮料制备工艺及稳定性研究[J].食品工业科技,2020,41(7):154-160.

[230]叶俊,刘日斌.猴头菇枸杞复合饮料的制备工艺[J].农产品加工,2019(12):40-42.

[231]韩晓虎,孙振,黄嘉欣.猴头菇枸杞复合饮料研制及其运动抗疲劳作用分析[J].中国食用菌,2020,39(9):223-225,229.

[232]魏善元.猴头菇大豆复合饮料的研制[J].食用菌,2000(1):39-40.

[233]薛露,彭珍,关倩倩,等.蓝莓枸杞猴头菇混合饮料的设计[J].饮料工业,2019,22(4):37-41.

[234]李爽,马昱,张宗蕊,等.果味猴头菇复合保健饮料的研制工艺[J].吉林医药学院学报,2019,40(3):185-187.

[235]张立威.猴头菇运动饮料研制及其抗疲劳功能研究[J].粮食与油脂,2019,32(3):60-63.

[236]刘晓燕.猴头菇运动饮料研制分析及其抗疲劳功能探讨[J].中国食用菌,2019,38(7):64-66.

[237]常永山.猴头菇运动饮料的抗疲劳功效研究[J].食品安全导刊,2021(3):62-63.

[238]马琳,马国宇,肖志勇.猴头菌固体饮品的生产工艺研究[J].粮食科技与经济,2020,45(1):110-114.

[239]熊科辉,吴学谦,苏庆亮,等.猴头菇佛手固体饮料[Z].中国科技成果:浙江五养堂药业有限公司,2019.

[240]周跃勤.软包装猴头菇露生产工艺探讨[J].中国食用菌,1997,16(6):35-36.

[241]肖玉娟,傅奇,何少贵,等.猴头菇多糖果醋饮料的研制[J].食品工业,2018(12):104-108.

[242]孙悦,赵莺茜,刘靖宇,等.一种特色猴头菇苹果醋复合饮料的研制[J].农产品加工,2019(8):1-5.

[243]王世强,屈艳.猴头菇复合保健酸奶的研制[J].中国酿造,2009(10):166-167.

[244]黄永兰,李亚丽,吴金鸿,等.一种玫瑰花露猴头菇复配保健酸奶的研究[J].农产品加工,2016(5):1-3,6.

[245]贺莹,冯彩平,李彩林.猴头菇益生菌奶片的研制[J].食品工业,2018(4):150-154.

[246]吴丁,徐德顺,宋景平.猴头菇保健酒的研制[J].食用菌,1998(1):41-42.

[247]邹东恢,关宏,梁敏.芦荟猴头菇酒的生产工艺[J].酿酒科技,2002,11(6):95-96.

[248]邹东恢,郭宏文.枸杞猴头菇发酵酒的工艺研究[J].酿酒,2012,39(3):83-85.

[249]左蕾蕾,曾里,曾凡骏.香菇猴头菇枸杞保健酒的研制[J].食品研究与开发,2012,33(3):95-98.

[250]饶绍信.猴头啤酒和灵芝啤酒的研制[J].江西科学,2000(3):173-175.

[251]赵瑞华,谢佳艺,田茜.一种特色猴头菇小米酒的研制[J].食品工业科技,2019,40(15):89-93,99.

[252]黄良水,季宝新,贺亮,等.猴头菇袋泡茶加工工艺研究[J].中国林副特产,2008,12(6):16-18.

[253]王腾飞,刘倩,霍梅俊,等.袋泡茶特色旅游饮品研制[J].食品工业,2021,42(5):14-17.

[254]田其英.猴头菇琼脂软糖的工艺优化研究[J].食品工业科技,2018(10):228-230.

[255]粟桂民,李璐,田静,赵冬.一种猴头菇燕麦片及其制备方法[P].中国专利:CN201510373518.4,2015-9-30.

[256]杨剑婷,周丽丽,肖昕迪,等.一种猴头菇豆腐冰激凌及其制作方法[P].中国专利:CN201510117788.9,2015-5-27.

[257]申世斌,韩越,付婷婷,等.猴头菇蓝莓蛋白胨的加工工艺研究[J].中国林副特产,2017(5):6-10.

[258]相玉秀,臧宏鑫,郭玲玲.猴头菇墨鱼丸的加工工艺研究[J].肉类工业2017(6):18-21.

[259]姜莉莉.猴头菇鸡肉丸配方研究[J].湖北农业科学,2019,58(10):139-141,149.

[260]姜莉莉.燕麦猴头菇保健鸡肉丸的研制[J].黑龙江农业科学,2019(9):104-107.

[261]郑梦莲,陈海燕,蔚海林.猴头菇鸡肉糕的加工工艺研究[J].黄冈职业技术学院学报,2019,21(5):125-128.

[262]卢金桦,孙楚涵,栗其成,等.猴头菇双层奶工艺和配方的研究[J].保鲜与加工,2020,20(2):161-166.

[263]绿之圣猴头菇精生产技术[Z].中国科技成果:广州市绿之圣食品有限公司,2007.

[264]张沿江,吴金玉,孙艳辉,等.猴头菇的药用功能及其菌丝粉冲剂的制作[J].食药用菌,2014(1):41-42.

[265]张江萍,刘靖宇.猴头菇水不溶性膳食纤维的提取工艺研究[J].山西农业科学,2018,46(4):634-637,664.

[266]徐新乐,刘婷婷,张闪闪,等.猴头菇高品质膳食纤维的制备及理化性质分析[J].食品工业科技,2021.

[267]同政泉,刘婷婷,张闪闪,等.猴头菇多肽的制备及体外抗氧化、降血脂活性研究[J].吉林农业大学学报,2021网络首发.

[268]高阳.猴头菇口含片制备及成分分析[D].太原:山西农业大学,2017.

[269]张鑫,张海悦,李震.猴头菇蛋白多糖口含片的研制[J].食品研究与开发,2016,37(9):100-104.

[270]刘媛,杨伟,聂远洋,等.平菇猴头菇复合枣片的研制[J].食用菌,2017(2):67-68.

[271]张娥珍,梁丽莉,辛明,等.铁皮石斛猴头菇复配咀嚼片及其制备方法[P].中国专利:CN201310442441.2,2013-12-25.

[272]郭子旋,邵啸,宋宇.猴头菇咀嚼片的制备工艺研究[J].现代盐化工,2020(5):27-28.

[273]王文宝,杨俊涛,毛讯,等.猴头菇水提取物泡腾片的制备工艺[J].食品工业,2021,42(5):139-142.

[274]孟祥敏,王辉.猴头多糖口服液的制备工艺研究[J].食品工业,2013(3):65-68.

[275]王薇.猴头菇的营养保健功能及其在食品工业中的应用[J].食品与药品,

2006,8(4):24-26.

[276]马元春,刘建强,豆燕,等.蕈菌猴头菇生物学特性、营养价值及其活性成分的研究[J].青海草业,2016,25(3):33-40.

[277]纪伟,唐宁,赵端,等.猴头菇的药理作用及栽培与应用[J].基因组学与应用生物学,2016,35(5):1252-1257.

[278]吴志明,李公斌,辛秀兰,等.猴头菇多糖的提取工艺[J].食品研究与开发,2011,32(7):36-38.

[279]赵洪梅,孙君,谢春阳.响应面优化超声波提取猴头菇多糖工艺的研究[J].农产品加工(创新版),2011(11):73-77.

[280]邵梦茹.猴头菇多糖对胃肠黏膜保护作用的实验研究[D].广州:广州中医药大学,2014.

[281]郭焱,崔健丽,朱娜.猴头菇多糖对TGF-B1抑制的T淋巴细胞增殖的影响[J].中国实验诊断学,2012,16(1):48-49.

[282] Liu J, Du C, Wang Y, et al. Anti-fatigue activities of polysaccharides extracted from Hericium erinaceus [J]. Experimental & Therapeutic Medicine, 2015, 9(2):483-487.

[283] Nagano M, Shimizu K, Kondo R, et al. Reduction of depression and anxiety by 4 weeks Hericium erinaceus intake [J]. Biomed Res, 2010, 31(4): 231-237.

[284] Li W, Zhou W, Song S B. Sterol fatty acid esters from the mushroom Hericium erinaceum and their PPAR trans activational effects [J]. Journal of natural products, 2014, 77(12): 2611-2618.

[285] Wang M X, Gao Y, Xu D D, et al. Hericium erinaceus(Yamabushitake): a unique resource for developing functional foods and medicines [J]. Food and Function, 2014(5):3055-3064.

[286] Kawagishi H, Shimada A, Hosokawa S, et al. Erinacines E, F, and G, stimulators of nerve growth factor (NGF)-synthesis, from the mycelia of Hericium erinaceum [J]. Tetradron Letters, 1996,35(10): 1569-1572.

[287] Kawagishi H, Masui A, Tokuyama S, Nakamura T. Erinacines J and K from the mycelia of Hericium erinaceum [J]. Cheminform, 2008, 38(2): 8463-8466.

[288] Lee E W, Shizuki K, Hosokawa S. Two novel Diterpenoides, erinacines H and

I from themycelia of Hericium erinaceum [J]. Bioscience Biotechnology and Biochemisty, 2000, 64(11):2402-2405.

[289] Kenmuku H, Sassy T, Kato N. Isolation of Erinaeine P a new parental metahollte of Cyathanexylosides from Hericium erinaceum and its hiommetic conversion into Erinecines A and B [J]. Tetrahedron Letter, 2000,41(22): 4389-4393.

[290] Kenmoku H, Kato N, Shimada M, Omoto M. Isolation of(1)-cyatha-3,12-dime, a common hiosynthetic intermediate of cyathane diterpenoids, from all erinacine-producing hasidiomycete, Hericium erinaceum, and its formation in a cell-free syste [J]. TetrahedronLetter, 2001, 42:7439-7442.

[291] Kenmoku H, Shimai T, Toyomasu T. Erinecine Q a New Erianeine from Herieium erinaceum and its Biosynthetic Route to Erinaeine C in the Basidiomycete [J]. Bioscience Biotechnology and Biochemisty, 2002, 66(3): 571-575.

[292] Ma B J, Zhou Y, Mi I Z I. Chemlnform Abstract: A new cyathane-xyloside from the mycelia of Hericiura [J]. Cheminform, 2014,63(7):1241-1242.

[293] Kawagishi H, Ando M, Mizuno T. Hericenone A and B as cytotoxic principles from the mushroom [J]. Tetrahedron Letters, 1990,31(3): 373-376.

[294] Kawagishi H, Ando M, Sakamoto H. Hericenone C, D and E stimulator of nerve growth factor(NGF)-synthesis, from the mushroom Hericium erinaceum [J]. Tetrahedron Letters, 1991, 32(35):4561-4563.

[295] Kawagishi H, Ando M, Shinba K. Chromans, Hericenone F, G and H from the mushroom of Hericium erinaccum [J]. Annual Proceedings of Gifu College of Pharmacy, 1992, 43(1): 175-178

[296] Ma B J, Yu H Y, Shen J W, et al. Cytotoxic aromatic compounds from Hericium erinaceus [J]. Journal of Antibiotics, 2010,63: 713 -715.

[297] Li W, Sun Y N, Zhou W, et al. Erinacene D, a new aromatic compound from Hericium erinaceum [J]. Journal of Antibiotics, 2014, 67(10): 727-729.

[298] Li W, Zhou W, Lee D S,et al. Hericirine, a novel anti-inflammatory alkaloid from Hericium erinaceum [J]. Tetrahedrom Letters, 2014, 55 (30): 4086-4090.

[299] Wang K, Bao L, Qi QY, et al. Erinacerins C-L, isoindolin-1-ones with a-

glucosidase inhibitory activity from cultures of the medicinal mushroom Hericiumerinaceus [J]. Jounal of Natural Products, 2015,78(1): 146-154.

[300] Ueda K, Tsujimori M, Kodani S, et al. An endoplasmic reticulum (ER) stress-suppressive compound and its analogues from the mushroom Hericium erinaceum [J]. Bioorganic and Medicinal Chemistry, 2008, 16 (21): 9467-9470.

[301] Wu J, Tokunaga T, Kondo M, et al. Erinaceolactones A to C, from the culture broth of Hericium erinaceus [J]. Joumal of Natural Products, 2015, 78: 155-158.

[302] Li H, Park S, Moon B K. Targeted Phenolic Analysis in Hericium erinaceum and Its Antioxidant Activities [J]. Food Science and Biotechnology, 2012, 21 (3):881-888.

[303] Zan X, Cui F, Li Y. Hericium erinaceus Polysaccharide-protein HEG-5 inhibits SGC-7901 cell growth via vell cycle attest and apoptosis [J]. Joumal of Biological Macromolecues, 2015, 76:242-253.

[304] Lee S R, Jung K, Noh H J. A new cerenroside from the fruting bodies of hericium erinaceus and its applocaility to cancer treatment [J]. Bioorganic and medicinal Chemistry Letters, 2015, 25(24):5712-5715.

[305] Wang X L, Xu K P, Long H P. New isoindolinones from the fruiting bodies of hericium erinacceum [J]. Fitoterapia, 2016, 111:58-65.

[306] Shang X, Tan Q, Liu R. In Vitro Anti-Helicobacter pylori Effects of Medicinal Mushroom Extracts, with Special Emphasis on the Lion's Mane Mushroom, Hericium erinaceus (Higher Basidiomycetes) [J]. International Journal of Medicinal Mushrooms, 2013, 15(2):165-174.

[307] Wang M, Konishi T, Uao Y. Anti-gastric ulcer activity of polysaccharide fraction isolated from mycelium culture of Lion's Mane medicinal mushroom, Hericium erinucvus (higher basidiomycetes) [J]. Intemational Journal of Medicinal Mushroons, 2015, 17(11):1055-1060.

[308] Wang M, Uao Y, Xu D. A polysaccharide from cultured mycelium of Hericium erinaceus and its anti-chronic atrophic gastritis activity [J]. International Joural of Biological Macromolecules, 2015, 81:656-661.

[309] Qin M, Geng Y, Lu Z. Anti-Inflammatory effects of ethanol extract of Lion's

Mane medicinal mushroom, Hericiumer inaceus(agaricomycetes) in mice with uicerative colitis [J]. Inemational of Medicinal Mushrooms, 2016,18(3): 227-234.

[310] Lin J H, Li I, Shang X D. Anti-helicobacter pylori activity of bioactive components isolated from Hericium erinaceus [J]. Jounal of Ethnopharmacol, 2015, 183: 54-58.

[311] Shyang-Chwen Sheu, Ying Lyu, Meng-Shiou Lee. Immunomodulatory effects of polysaccharides isolated from Hericium erinaceus on dendritic cells Process [J]. Biochemistry, 2013, 48(9):1402-1408.

[312] Inanaga K. Amycenone a nootropic found in Hericium erinaceum [J]. Personalized Medicine Universe, 2012, 1(1):13-17.

[313] Lai P L, Naidu M, Sabaratnam V. Neurotrophic properties of the Lion's mane medicinal mushroom, Hericium erinaceus (Higher Basidiomycetes) from Malaysia [J]. International Jourmnal of Medicinal Mushrooms, 2013, 15(6): 539-554.

[314] Bredesen D E. Reversal of cognitive decline: a novel therapeutic program [J]. Aging, 2014, 9(6):707-717.

[315] Kim M K, Choi W Y, Lee H Y. Enhancement of the neuroprotective activity of Hericiumerinaceus mycelium co-cultivated with Allium sativum extract [J]. Archive of Physiology and Biochemistry, 2015, 121(1):19-25.

[316] Wittesin K, Rascher M, Rupucic Z. Corallocins A-C, nerve growth and brain-derived neurotrophic factor inducing metabolites from the mushroom hericium coralloides [J]. Journal of Natural Products, 2016, 79(9):2264-2269.

[317] Furuta S, Kuwahara R, Hiraki E. Hericium erinaceus extracts alter behavioral rhythm in muce [J]. Biomed Research International, 2016, 37(4):227-232.

[318] Tzeng TT, Chen CC, Lee LY. Erinacine A-enriched Hericium erinaceus my celium a meliorates Alzheimer's disease-related pathologies in APPswe/PSI dE9 transgenic mice [J]. Journal of Biomedical Science, 2016, 23(1): 1-12.

[319] Choi W S, Kim Y S, Park B S. Hypolipidaemic Effect of Hericiu merinaceum Grown in Artemisia capillaris on Obese Rats [J]. Mycobiology, 2013, 41(2): 94-99.

［320］Liang Bin, Guo Zhengdong, Xie Fang. Antihyperglycemic and anti hyperlipidemic activities of aqueous extract of Hericium erinaceus In experimental diabetic rats ［J］. BMC Complementary and Altermative Medicine, 2013, 13(1):253.

［321］Cui F, Gao X, Zhang J. Protective eddects of extracellular and intracellular polysaccharides on hepatotoxicity by hericium erinaceus SG-02 ［J］. Current Microbiology, 2016, 73(3):379-385.

［322］Jongseok L, Hong E K. Hericium erinaceus enhances doxorubicin-induced apoptosis in human hepatocellular carcinoma cells ［J］. Cencer Letters, 2010, 297(2): 144-154.

［323］Zeng X, Ling H, Yang J, et al. Proteome analysis provides insight into the regulation of bioactive metabolites in Hericium erinaceus ［J］. Gene, 2018, (666):108-115.

［324］Wu J, Tokunaga T, Kondo M, et al. Erinaceolactones A to C, from the culture broth of Hericium erinaceus ［J］. Journal of Natural Products, 2015, 78 (1):155.

［325］KEUNB, YANG C H, SONG J B, et al. Hypolipidemie effect of an exobiopolymer produced from a submerged mycelial culture of herieium erinaceus ［J］. Bioscience Biotechnology and Biochemistry, 2003, 67(6):1292-1298.

［326］WANG J C. Antitumor and immunoenhancing activities of polysacchari-de from culture broth of Hericium spp ［J］. Medical Sciences, 2001, 17(9): 4612-4671.

［327］DU Z Q. Studies of hericium erinaceum polysaecharide on lowering bloodsugar ［C］. Bali Island Indonesia:2010 Intemational Conference on Biomedicine and Engineering, 2012, 3(7):109-110.

［328］Wang Lei, Tian Ying-peng, Chen Zhao-qing, Chen Jie. Effects of Hericium erinaceus powder on the digestion, gelatinization of starch, and quality characteristics of Chinese noodles ［J］. Cereal Chemistry, 2020, 98(3): 482-491.

［329］Wang G, Zhang X, Maier SE, et al. In vitro and in vivo inhibition of helicobacter pylori by ethanolic extracts of lion's mane medicinal mushroom, Hericium erinaceus ［J］. Int J Med Mushrooms, 2019, 21(1):1-11.

［330］HSUAF, SHIENJJ, BILLSDD, et al. Inhibition of mushroom polyphenol oxidase by ascorbic acid derivatives [J]. Food Science, 1988,53:765-767.

[331] JEANMS. Changes in enzyme activities during early growth of the edible mushroom,Agaricus bisporus,in compost [J]. MycolRes, 1998,102(9):113-118.

[332]Schutzcndubel A,Schwartz P,Teichmarm T, et al. Cadmium in-duced changes in anti oxidative systems, hydrogen peroxide con-tent, and differentiation in Scots pine roots [J]. Plant Physiol, 2001,127:887-898.

[333] HAMMONDJBW. Carbohydrate catabolism in harvested mushrooms [J]. Phytochemistry, 1978,17:1717-1719.

[334]YUHT, JENGLM. Contents of sugars,free amino acids and free 5-nucleotides in mushrooms, Agaricus bisporus, during post-harvest storage [J]. Science of Food and Agriculture, 1999,79:1519-1523.

[335]HAMMONJBW, NICHOLS R. Changes in respiration and soluble carbohydrates during the post-harvest storage of mushrooms Agaricus bisporus [J]. Science of Food and Agriculture, 1975, 926:835-842.

[336] Mateos M, D Ke, M Cantwell, et al. Phenolic metabolism and ethanolic fermentation in intact and cut lettuce exposed to CO_2 enriched atmosphere [J]. Postharvest Biology and Technology, 1993(3):225-1233.

[337]CABANES J, GARC A-C NOVAS F, GARC A-CARMONA F. Chemical and enzymatic oxidation of 4-methylcatechol in the presence and absence of L-serine. Spectrophotometric determination of intermediates [J]. Biochimica et Biophysica Acta Protein Structure and Molecular Enzymology, 1987,914(2):190-197.

[338]FULCRAND H, CHEMINAT A, BROUILLARD R, et al. Characterization of compounds obtained by chemical oxidation of caffeic acid in acidic conditions [J]. Phytochemistry, 1994,35(2):499-505.

[339] GARCIA-CARMONA F, CABANES J, GARCIA-CANOVAS F. Enzymatic oxidation by frog epidermis tyrosinase of 4-methylcatechol and p-cresol. Influence of l-serine [J]. Biochimica et Biophysica Acta (BBA)-Protein Structure and Molecular Enzymology, 1987, 914(2):198-204.

[340] MARTINEZ M, WHITAKER J R. The biochemistry and control of enzymatic browning [J]. Trends in Food Science & Technology,1995,6(6):195-200.

[341] Luis enrique Rodriguez-saona. The potato:composition, non-enzymatic browning and anthoeyanins [D]. Oregon State: Oregon State University, 1998, 4.

[342] Friedman M. Chemistry, nutrition, and health-promoting properties of Hericium erinaceus (Lion's mane) mushroom fruiting bodies and mycelia and their bioactive compounds [J]. J Agric Food Chem, 2015, 63(32):7108-7123.

[343] MOHAPATRAD, BIRAZM, KERRYJP, et al. Postharvest Hardness and Color Evolution of White Button Mushrooms (Agaricus bisporus) [J]. Journal of Food Science, 2010, 75(3):146-152.

[344] GODFREYS, MARSHALLJ, KLENAJ. Genetic characterization of Pseudomonas NZ17-A novel pathogen that results in a brown blotch disease of Agaricus bisporus [J]. J Appl Microbiol, 2001, 91:412-420.

[345] LEE C-J, JHUNE C-S, CHEONG J-C, et al. Occurrence of Internal Stipe Necrosis of Cultivated Mushrooms (Agaricus bisporus) Caused by Ewingella americana in Korea [J]. Mycobiology, 2009, 37(1):62-66.

[346] JIANGY, FUJ. Postharvest browning of litchi fruit by water loss and its prevention by controlled atmosphere storage at high relative humidity [J]. Lebensmittel-Wissenschaft und-Technologie, 1999, 32(5): 278-283.

[347] ZAUBERMANG, RONENR, AKERMANM, et al. Post-harvest retention of the red colour of litchi fruit pericarp [J]. Scientia Horticulturae, 1991, 47(1-2): 89-97.

[348] Alscher RG, Erturk N, Heath LS. Role of superoxide dismutases (SOD) in controllingoxidative stress in plants [J]. Jounal of Experimental Botany, 2002, 53(372):1331-1341.

[349] FANG Y Q, ZHANG B, WEI Y M. Effects of the specific mechanical energy on the physicochemical properties of texturized soy protein during high-moisture extrusion cooking [J]. Journal of Food Engineering, 2014, 121: 32-38.

[350] LIN S, HUFF HE, HSIEH F. Texture and chemical characteristics of soy protein meat analog extruded at high moisture [J]. Journal of Food Science, 2000, 65(2): 264-269.

[351] LIU K S, HSIEH F H. Protein-protein interactions during high-moisture extrusion for fibrous meat analogues and comparison of protein solubility methods using different solvent systems [J]. Journal of Agricultural&Food Chemistry, 2008, 56(8):2681-2687.

[352] BORDERS C. Making meat analogues from soy [J]. Functional Ingredients, 2007(5): 346-350.

[353] CHEN H L, CHENG H C, WU W T, et al. Supplementation of konjac glucomannan into a low-fiber chinese diet promoted bowel movement and improved colonic ecology in constipated adults: a placebo-controlled, diet-controlled trial [J]. Journal of the American College of Nutrition, 2008, 27 (1):102-108.

[354] SJENKINS A L, MORGAN L M, BISHOP J, et al. Co-radministration of a konjac-based fibre blend and American ginseng(Panax quinquefolius L.) on glycaemic control and serum lipids in type 2 diabetes: a randomized controlled, cross-over clinical trial [J]. European Journal of Nutrition, 2018, 57(6): 2217-2225.

[355] BAKHT R S. LI B. WA. NG W. et al. Health benefits of konjacglucomannan with special focus on diabetes [J]. Bioactive Car-bohydrates and Dietary Fibre, 2015. 5(2): 179-187.

[356] Suwannaporn P, Thepwong K, Tester R, et al. Tolerance and nutritional therapy of dietary fibre from konjac glucomannan hydrolysates for patients with inflammatory bowel disease (IBD) [J]. Bioactive Carbohydrates and Dietary Fibre, 2013, 2(2):93-98.